Dörte Winkler

Das schwerelose Unternehmen

2., überarbeitete Auflage, 2017

Starkmuth Publishing, Hennef – www.starkmuth.de

Lektorat, Layout und Cover-Design: Jörg Starkmuth

Grafiken von Dörte Winkler und Jörg Starkmuth

Portraitfoto auf der Rückseite: Chris Zeilfelder

ISBN 978-3-947132-01-0

Printed in Germany

Inhalt

Zur Einstimmung

Mehr Effizienz, mehr Erfolg und gleichzeitig glückliche Mitarbeiter – Sie glauben, das geht nicht? Dieses Buch zeigt, dass genau diese Vision realisierbar ist. Wir brauchen die obenstehende Aussage einfach nur umzudrehen. Denn glückliche Mitarbeiter sind nachweislich wesentlich effizienter, besonders wenn sie dabei auch noch ihre intuitiven Fähigkeiten mit zum Einsatz bringen.

Wie aber lässt sich ein solch weicher, komplexer Faktor wie „Glücklichsein" tatsächlich beeinflussen? Wie können wir im Arbeitsalltag unsere Intuition besser mit ins Boot holen, um unser volles Potenzial auszuschöpfen?

Das schwerelose Unternehmen gibt hierauf nicht nur Antwort, sondern liefert auch jede Menge Werkzeuge und praktische Umsetzungstipps. Grundlage hierfür ist ein Perspektivwechsel weg vom äußeren Handeln hin zu den inneren Gefühlen, Gedanken und Strukturen der agierenden Menschen.

Dabei habe ich viel Wissen verarbeitet, das ich auf dem Weg meiner eigenen, persönlichen Entwicklung auf verschiedensten Wegen erlernt habe.

Bei der Fertigstellung dieses Buches war mir wichtig, dass es schlank sowie leicht und zügig lesbar wird, obwohl viele komplexe Zusammenhänge vermittelt werden, denn Manager haben bekanntlich wenig Zeit.

Im Interesse der Lesbarkeit habe ich daher auf die den Leser oft ermüdende, überbordende wissenschaftliche Zitierweise weitestgehend verzichtet.

Auch möchte ich Sie nicht mit umfangreichen Beweisführungen aufhalten, warum die hier dargestellte Weltsicht richtig sein könnte und wer sich alles bereits in ähnlicher Weise dazu geäußert hat. Wer sich für tiefergehende theoretische Betrachtungen interessiert, erhält weiterführende Literaturhinweise. Der Schwerpunkt meiner Arbeit liegt darauf, wie wir die vorgestellten Informationen, Modelle und Ideen für mehr Leichtigkeit im Unternehmensalltag nutzen können.

Ich habe dieses Buch geschrieben, um aufzurütteln und zu inspirieren. Es soll Anregungen und praktische Hilfestellung geben, im Management, in der Führung von Unternehmen und Organisationen oder auch im normalen Arbeitsalltag neue Wege zu gehen.

Dabei ist es mir wichtig, gerade die Menschen zu erreichen, die ein großes Bedürfnis haben, auch Zusammenhänge zu begreifen, die sich nicht so einfach analytisch erklären lassen. Denn um unsere Arbeitswelt im Großen wie im Kleinen in Richtung natürlicher Effizienz zu entwickeln, ist es manchmal notwendig, bestehende Gedankenbarrieren zu überspringen und alte Gewohnheiten loszulassen.

Ich bin überzeugt davon, dass wir die wahre Kontrolle im Unternehmen nur wiedererlangen können, wenn wir – so paradox es klingt – bereit sind, in gewisser Weise die Kontrolle aufzugeben.

Es wäre ein großes Geschenk für die gesamte Gesellschaft, wenn wir in Zukunft unsere Effektivität wieder daher beziehen könnten, woher sie in Wirklichkeit kommt: aus der Kraft unserer Herzen.

Teil 1

Ein neuer Ansatz für mehr Leichtigkeit

1 Warum brauchen wir ein neues Denken im Management?

1.1 Drängende aktuelle Herausforderungen

Seit Beginn der Industrialisierung und der ersten Managementansätze stehen Unternehmen immer wieder vor neuen, großen Herausforderungen. Die Gesellschaft wandelt sich, die Menschen wandeln sich, Veränderung ist permanent und immer wieder versuchen Wissenschaftler, Manager, Berater und Coaches, Wege zu finden, einzelne Menschen, Unternehmen oder sogar die ganze Gesellschaft sicher durch diesen stetigen Wandel zu lenken.

Zu den Herausforderungen unserer Zeit gehören insbesondere:

1. die Digitalisierung und Virtualisierung von Wirtschaft und Gesellschaft mit den damit einhergehenden Veränderungen von Prozessen, Strukturen und der Rolle des Menschen in der Zukunft,

2. der mit der Globalisierung immer noch anhaltende Strukturwandel in der Wirtschaft mit dem einhergehenden Bedarf an mehr und andersartigen Innovationen (Open Innovation, regionale Innovationen) und neuem Unternehmertum zur Stärkung der regionalen und lokalen Wirtschaft,

3. die Herausforderungen durch den Klimawandel und die Anforderungen an eine echte, öko-soziale Nachhaltigkeit in Wirtschaft und Gesellschaft sowie

4. das Gesundheitsmanagement angesichts der Zunahme von Depression, Burnout und anderen psychischen sowie psychosomatischen Krankheiten in der Bevölkerung – sowohl aus Sicht des Human Resource Management in Unternehmen als auch aus gesellschaftlicher Sicht.

Die hier aufgeführten exemplarischen Herausforderungen unserer Gesellschaft entstanden erst aus der Entwicklung der Industrialisierung und im Zuge der Anwendung der bisherigen Managementpraktiken.

Daher ist es besonders wichtig, beim Umgang mit diesen Herausforderungen über unser bisheriges Denken und Handeln hinauszugehen. Denn Probleme kann man niemals mit derselben Denkweise lösen, durch die sie entstanden sind.

Ganz besonders liegt mir persönlich am Herzen, immer wieder die Rolle des einzelnen Menschen zu betrachten.

Ich bin keine Verfechterin von Zukunftsdramen, in denen die Menschheit von Maschinen beherrscht wird. Aber ob die Digitalisierung der Gesellschaft als möglicherweise größte Veränderung in der Entwicklung der Menschheit sich am Ende als Segen oder als Fluch herausstellt, hängt meiner Meinung nach vor allem davon ab, welchen Stellenwert wir uns selbst in unserer Menschlichkeit im Rahmen dieser Entwicklung geben. Ich sehe daher die größte Herausforderung nicht in der Beherrschung der Technik, der Prozesse oder der Innovationen an sich, sondern in der Integration des Menschen.

Auch hierbei kann dieses Buch ein wertvoller Ratgeber sein. Insbesondere kann es aber helfen, uns für neue Herangehensweisen, Sicht- und Denkweisen zu öffnen und so möglicherweise ganz neue Wege zu finden, mit diesen Herausforderungen umzugehen – sei es auf persönlicher, unternehmerischer oder gesellschaftlicher Ebene.

1.2   Erweiterung bestehender Managementlehren

In der Managementtheorie gibt es verschiedene Ansätze und Systematisierungen, um die unterschiedlichen Strömungen und historischen Entwicklungen zusammenzufassen.

So blickt das „Scientific Management" vor allem aus ingenieurwissenschaftlicher und administrativer Sicht auf die Unternehmensprozesse. Aus der Human-Relations-Bewegung entwickelten sich vor allem verhaltenswissenschaftliche Managementschulen. Die empirischen Schulen bemühten sich darum, Management aus pragmatisch-erfahrungsorientiertem Blickwinkel zu betrachten. Mit den systemtheoretischen Ansätzen wurde versucht, Unternehmen als soziale Gebilde immer besser zu verstehen. Schon Mitte der 60er Jahre begann ein eher innovationsgestützter, technikorientierter Blickwinkel immer mehr Einzug in die Managementlehre zu halten, der im Zuge der Digitalisierung und Virtualisierung in jüngster Zeit eine neue Entwicklungsstufe erreicht.

All diesen Ansätzen ist gemein, dass sie aus den rein nicht-metaphysischen Real- und Formalwissenschaften entstanden.

Erst in jüngster Zeit gelangen auch Erkenntnisse aus den metaphysischen Wissenschaften in die Managementlehre, aber so wie Theologie und Philosophie in der heutigen Zeit wissenschaftlich nur noch wenig Beachtung finden, werden auch metaphysische Ansätze im Management kaum ernst genommen.

Dabei waren in der Vergangenheit bedeutende Wissenschaftler häufig auch Metaphysiker, wie z. B. Paracelsus. Auch bekannte Physiker wie Max Planck, Albert Einstein oder Erwin Schrödinger, die ja einen entscheidenden Einfluss auf die moderne Physik hatten, bereicherten die Welt gleichzeitig mit wertvollen philosophischen Überlegungen.

Eine weitere Kritik an bestehenden Managementtheorien und -praktiken besteht gerade in der stark wissenschaftlichen Anlehnung. Alles, was nicht logisch erklärbar und messbar ist, findet wenig Beachtung. Dadurch wird das Handeln des Einzelnen stark auf das logisch Nachvollziehbare und vor allem wissenschaftlich Anerkannte reduziert, obwohl die bahnbrechenden Entwicklungen in der Geschichte immer diejenigen waren, die es geschafft haben, bestehende Strukturen, Glaubenssätze, Vorstellungen und Begrenzungen zu sprengen und intuitiven Impulsen zu folgen.

Ein Begriff, der den Konflikt zwischen physikalisch-naturwissenschaftlichem Verständnis und Metaphysik vielleicht am besten zeigt, ist das Wort „Energie". Es setzt sich aus den altgriechischen Begriffen *en* (innen) und *ergon* (Wirken) zusammen. In der griechischen Antike war *energeia* ein philosophischer Begriff, der etwa „lebendige Wirklichkeit" oder „Wirksamkeit" bedeutete. In der Physik findet sich der Begriff seit dem 19. Jahrhundert. Dort beschreibt er die einem Objekt oder System innewohnende Fähigkeit, Arbeit zu verrichten, also etwa ein Objekt in Bewegung zu versetzen oder zu verformen. Energie in diesem Sinne ist formal exakt definiert und berechenbar.

Auf anderen Gebieten, wie z. B. in der traditionellen chinesischen Medizin oder in einigen Denkrichtungen der Metaphysik, wird der Begriff hingegen eher qualitativ gebraucht und bezeichnet hier jegliches innere Potenzial, das latent in einem System oder Wesen gespeichert ist und sich zu gegebener Zeit in äußeren Veränderungen manifestieren kann. Eine exakte Berechnung ist hier weder möglich noch sinnvoll – es geht um qualitativ unterscheidbare Erscheinungsformen von Energie und deren Auswirkungen auf unser Leben.

Sie erkennen sicherlich die Unterschiede, aber auch die Gemeinsamkeiten dieser Modelle. Möglicherweise muss der Energiebegriff für ein umfassendes Weltbild genauer differenziert werden. Interessant ist in jedem Fall, dass sowohl Physik als auch Metaphysik heute weitgehend darin übereinstimmen, dass Energie eine sehr grundlegende Ebene der Wirklichkeit darstellt und beispielsweise Materie nichts anderes als eine Erscheinungsform von Energie ist.

Wenn wir den Energiebegriff weiter fassen als die Naturwissenschaft und ihn eher im metaphysischen Sinne verstehen, dann zeigt sich in den Erfahrungen einer zunehmenden Zahl von Menschen, die bereit sind, bestehende Grenzen unseres Denkens zu sprengen, dass Energie etwas ist, das wir auf intuitivem Wege direkt wahrnehmen und sogar beeinflussen können. In diesem Sinne ist der Begriff in diesem Buch zu verstehen.

Vor diesem Hintergrund ist es folgerichtig, bestehende Managementlehren dahingehend zu erweitern, dass universelle Prinzipien der Energie genutzt werden und die Bewusstheit über die Vorgänge im Menschen von der reinen Logikebene auch in intuitive Bereiche weitergeführt wird.

Dieser Ansatz hat sich im Bereich der Persönlichkeitsbildung schon erfolgreich bewährt. Das beweisen die Erfahrungen Tausender Menschen auf diesem Gebiet – seien es die Absolventen und Teilnehmer der Bodo-Deletz-Akademie (kurz BDA), auf deren Know-how und praktische Erfahrungen hier vielfach zurückgegriffen wird, oder auch Praktizierende und Coaches des „Access Consciousness"-Ansatzes von Dr. Dain Heer und Gary Douglas, zahlreiche Leser und Zuschauer des bekannten Coaches und Autors Veit Lindau oder viele andere Menschen, die sich auf ganz unterschiedlichem Weg aus den bestehenden Denk-

und Lebensmauern befreit haben und von deren Geschichte wir z. B. in Foren oder Gruppen im Internet lesen können.

So bin ich überzeugt, dass es auch für Unternehmen und deren Mitarbeiter ein Weg sein kann, sich mit „energetischen und intuitionsfördernden Managementtechniken" zu beschäftigen und so Antworten auf die oben dargestellten dringenden Themen in Wirtschaft und Gesellschaft zu finden und die anstehenden aktuellen Herausforderungen zu meistern.

1.3 Das Symptom „Übergewicht" in Unternehmen

Neben den konkreten Herausforderungen in Wirtschaft und Gesellschaft allgemein macht sich schon seit Längerem in Unternehmen ein Phänomen bemerkbar, das auch viele Menschen betrifft: Übergewicht. Ja, auch Unternehmen leiden daran. Wie beim Menschen führt Übergewicht in Unternehmen dazu, dass sie ungesund, viel zu schwer und unbeweglich werden – das Gegenteil von schwerelos.

Dieses „Übergewicht" lässt sich leicht erkennen, wenn wir bereit sind, nicht nur über das Thema nachzudenken, sondern auch zu spüren. Wenn Sie im Folgenden die Liste mit den wichtigsten – wahrscheinlich sehr bekannten – Symptomen für „Übergewicht" lesen, halten Sie bei den Punkten, die Sie auch aus Ihrem Berufsalltag kennen, einmal inne und spüren Sie, wie sich das anfühlt.

Achten Sie, wenn Sie an das Thema oder auch eine konkrete Situation diesbezüglich denken, vor allem darauf, ob sich Ihr Körper oder Ihre innere Repräsentation des Themas für Sie eher leicht oder eher schwer anfühlt.

Symptome für „Übergewicht" in Unternehmen sind z. B.:

1. Projekte, Aufgaben oder Prozesse laufen zäh statt fließend, bleiben stecken oder häufen Probleme an.

2. Mitarbeiter bekommen das Gefühl, dass sich Aufgaben nicht lohnen, weil sie „gegen Windmühlen" kämpfen, oft „für den Papierkorb" arbeiten oder scheinbar unsinnige Aufgaben erledigen müssen.

3. Mitarbeiter und/oder Chefs sind häufig genervt, gestresst, frustriert, erschöpft oder krank. Das Betriebsklima ist angespannt.

4. Es herrscht eine hohe Fluktuation unter den Mitarbeitern oder es werden fast nur noch befristete Mitarbeiter eingestellt.

5. Angst und Stress dominieren den Arbeitsalltag statt Freude und Inspiration.

6. Das Management spielt permanent „Feuerwehr" und hat dringliche Aufgaben auf dem Tisch, statt sich um die wirklich wichtigen, übergeordneten Dinge kümmern zu können. Für echte Führung bleibt kaum Raum.

7. Das Unternehmen muss ständig reagieren, statt zu agieren, wird getrieben, statt Treiber zu sein, Zeitdruck und Leistungsdruck sind extrem hoch.

8. Die erreichten Ergebnisse (z. B. Termine, Umsatzzahlen, Qualität, Kundenzahl) stimmen nicht mit den gewünschten überein.

9. Ziele können nur noch auf Kosten von Umwelt, Gesellschaft oder Rechtschaffenheit des Unternehmens erreicht werden – in Extremfällen steuert das Unternehmen auf existenzbedrohende Zustände hin.

10. Es herrscht extremer Wettbewerbsdruck und das Unternehmen fühlt sich ständig von der Konkurrenz bedroht.

Konnten Sie die Schwere in den einzelnen Punkten spüren? Wenn nicht, dann schauen Sie sich bitte einmal die folgende Abbildung an, die veranschaulicht, wie diese Probleme sich anfühlen könnten.

Abb. 1: Das schwere Unternehmen nach altem Paradigma

Fallbeispiel:

Wie stark die Auswirkungen der hier nur angedeuteten Symptome des „Übergewichts" werden können, zeigt vielleicht ein sehr prominentes Beispiel: der Abgasskandal im VW-Konzern (2015).

Was treibt einen so bekannten Konzern wie Volkswagen so in die Enge, dass er beginnt, sich in Lügen zu verstricken, bis die unsichtbare Bombe platzt?

Es ist mit Sicherheit kein Zuckerschlecken, einen Automobilkonzern zu führen, und es geht mir hier nicht darum, auf irgendwelche Beteiligten mit dem Finger zu zeigen. Für mich steht die Frage im Raum, was das Management und die Mitarbeiter dazu treibt, solche Schritte zu gehen.

Und es geht dabei nicht einfach nur um Geld. Meiner Meinung nach zeigt sich hier sehr drastisch, in welche Sackgassen sich unsere Wirtschaft bewegt, wenn wir nicht umdenken.

Ein Konzern, der zu solchen Mitteln greift, wird nicht von einer Vision getragen, sondern von Angst und Druck. Angst vor zu hohen Kosten,

Angst vor Marktanteilsverlust, Wettbewerbsdruck, gesellschaftlichem Druck oder Nichterfüllung gesetzlicher Normen.

Einem solchen Unternehmen ist die eigene Vision abhandengekommen, es hat die Verbindung zu seinem unternehmerischen Kern, seinem unternehmerischen Herzen verloren. Es ist in der Schwere und seinem Übergewicht stecken geblieben und wurde davon erdrückt.

Einen so riesigen Frachter wie einen Automobilkonzern aus dem Sumpf zu ziehen und in ein schwerelos dahingleitendes Raumschiff zu verwandeln, ist sicherlich eine große Aufgabe.

Aber es gibt viele kleine Schritte, die jeder Mitarbeiter und jeder Manager dieses und jedes anderen Unternehmens gehen kann, um sich der Vision eines schwerelosen Unternehmens immer mehr zu nähern.

Ihnen kommt das eine oder andere oben genannte Symptom bekannt vor? Sicherlich haben Sie oder Ihr Unternehmen schon mindestens einmal eine der folgenden Maßnahmen versucht:

- Kostensparprogramme

- Umstrukturierungen

- Managementwechsel

- Anreizsysteme wie Zielprämien, Gehaltserhöhungen

- Schaffung neuer Bürostrukturen und Arbeitswelten

- Prozessoptimierungsmaßnahmen

- Lean Management, TQM, Work-Life-Balance-Programme oder Ähnliches

Diese und ähnliche Maßnahmen sind – sehr grob und allgemein gefasst – die Standardantworten der bisherigen Managementlehre auf derartige Probleme im Unternehmensalltag.

Fallbeispiel:

Am 13. März 2017 berichtete die *WirtschaftsWoche Online*, dass der Windkraftanlagenhersteller Senvion aufgrund des wachsenden Wettbewerbsdrucks 660 Stellen abbauen, drei Standorte schließen und weitreichende Umstrukturierungsmaßnahmen einleitete.[1]

Obwohl es sich um einen Zukunftsmarkt handelt, fallen dem Management keine anderen Maßnahmen ein? Was glauben Sie – wird dieses Unternehmen nach diesen Maßnahmen innerlich gesunden und erstarken und damit langfristig erfolgreich sein?

Wenn solche Maßnahmen in Angriff genommen werden, ohne dass sie auch mit einem inneren, tiefer reichenden Wandlungsprozess einhergehen, können diese kaum von nachhaltigem Erfolg gekrönt sein, wie im Laufe dieses Buches noch eingehender erklärt wird. Entweder ist der Effekt nicht von Dauer oder die Veränderung ist erst gar nicht sichtbar oder ein Symptom wird gegen ein anderes ausgetauscht. Die vorhandenen Mitarbeiter bekommen noch mehr Druck, Angst beherrscht den Alltag statt Freude und Optimismus. Das ist die Realität bei den meisten solcher Schritte.

Obwohl es – zumindest in der Literatur – bereits einige alternative Managementansätze gibt, ist – bis auf wenige Ausnahmen – im Unternehmensalltag vieler Organisationen noch wenig davon zu spüren. Auch die verhaltens- und systemtheoretischen Ansätze im Management konnten hier kaum etwas entgegenhalten.

Warum zeigen die vielen Standardwerkzeuge im Management so wenig Effekt im Außen? Warum leiden so viele Mitarbeiter an Stress, Druck und Frust in der Arbeitswelt?

Um in einen Lösungsmodus zu wechseln, stellen sich mir vor allem folgende Fragen:

• Wie können wir in Unternehmen echte, natürliche Effektivität herstellen?

- Wie kann ein wirklicher Wandel in Unternehmen vollzogen werden, der nicht Hunderte von Arbeitsplätzen kostet, Angst macht oder zu noch mehr Druck am Arbeitsplatz führt?

- Wie lassen sich zufriedene, glückliche Mitarbeiter und unternehmerischer Erfolg unter einen Hut bringen?

- Wie können die vielen bereits vorhandenen alternativen Ideen, Werkzeuge und Lösungsansätze mehr verbreitet und mit Leichtigkeit in Unternehmen eingesetzt werden?

Das vorliegende Buch bietet sehr konkrete Antworten und Lösungsvorschläge auf diese und viele andere Fragen. Insbesondere hilft es, alternative Ansätze zu verstehen.

Außerdem werden konkrete Werkzeuge angeboten, um nicht nur zu zeigen, was wir ändern könnten, sondern auch, wie es gehen kann.

Zahlreiche Praxisbeispiele helfen dabei, das neu erworbene Wissen direkt anzuwenden. So kann Ihr Unternehmen sich von der Schwere immer mehr in die Schwerelosigkeit bewegen.

2 Neue Ursachen für alte Symptome

2.1 Innen- statt Außensicht

Wir haben gerade festgestellt, dass unsere bisherigen, allgemein anerkannten und verbreiteten Instrumente der Unternehmenssteuerung nur begrenzt die Symptome der Schwere lindern oder konkrete Hilfe bei den aktuellen gesellschaftlichen Herausforderungen bieten können.

Um hier neue Lösungen zu finden, hilft es sicherlich, auch die Ursachen einmal aus einem anderen Blickwinkel zu betrachten – nicht von außen im Sinne von: „Die Digitalisierung, die Globalisierung oder der Wettbewerbsdruck sind die Ursache", sondern eher von innen, aus dem Menschen heraus.

Denn meiner Ansicht nach kann kein Unternehmen besser sein als die Menschen, die darin arbeiten. Der Autor Jörg Starkmuth bringt einen wichtigen Aspekt des vorliegenden Konzeptes in einem Interview für die Website *Best in Balance* (2011) sehr schön auf den Punkt:

> „Management-Konzepte sind oft wirtschaftszentriert, aber letztlich arbeiten in jeder Firma Menschen, deren Gehirn annähernd identisch mit dem eines Steinzeitmenschen ist. Wir können diese Wurzeln nicht ignorieren, sondern sollten sie verstehen und aktiv nutzen. Jede menschliche Handlung ist emotionsgetrieben, auch wenn scheinbar noch so nüchterne Überlegungen und Entscheidungen stattfinden. Ohne Emotion hätten wir keinen Handlungsimpuls. Es geht also primär um das Erkennen, welche Emotion für welches Ziel am förderlichsten ist, und wie wir diese Emotion in uns oder anderen wecken können."[2]

Wenn es also um Menschen geht, können wir auch bei der Unternehmensentwicklung Ideen aufgreifen, die bei der Persönlichkeitsentwicklung von Menschen eine wichtige Rolle spielen. Es sind Erkenntnisse zu überwiegend unbewusst ablaufenden Prozessen, die bisher erst selten auf die Unternehmenswelt übertragen wurden, und wenn doch, werden sie in der Praxis noch immer zu wenig verstanden und eingesetzt.

Dieses Buch baut daher auf vier grundlegenden Annahmen für die Ursachen des „Übergewichts" auf, die auf den ersten Blick zwar banal klingen, es aber bei genauerer Betrachtung in sich haben und allesamt eines gemeinsam haben: Sie sind den meisten Menschen nicht bewusst.

1. Die Aufmerksamkeit in Unternehmen bzw. von deren Managern und Mitarbeitern ist viel zu stark auf das Negative gerichtet – also auf das, was sie eigentlich gerade vermeiden wollen.

2. Eine Vielzahl von „Wahrnehmungsfiltern" und Begrenzungen verhindern die Sicht auf alternative Lösungsmöglichkeiten, leichtere Herangehensweisen und Freude im Berufsalltag.

3. Die mangelnde Nutzung der intuitiven (rechtshemisphärischen) Fähigkeiten von Managern wie Mitarbeitern verhindert die Ausschöpfung zahlreicher Potenziale im Unternehmen sowohl auf bewusster als auch auf unbewusster Ebene.

4. Der vernachlässigte Glücksfaktor: Obwohl schon seit Langem immer wieder darüber berichtet wird, wie wichtig das persönliche Wohlbefinden und Glücksgefühl der Mitarbeiter für die Produktivität und den Markterfolg eines Unternehmens ist, wird die Vielschichtigkeit dieses Faktors mit all seinen Zusammenhängen bisher kaum verstanden und dadurch noch unzureichend im Management berücksichtigt.

Vielleicht verwundert Sie die häufige Verwendung des Begriffs „unbewusst". Aber genau hierin liegt ein wichtiger Hebel, mit dem wir tatsächlich an einem neuen Punkt ansetzen können.

Unser Gehirn muss täglich zahlreiche Entscheidungen treffen – die Angaben, die im Internet kursieren, schwanken zwischen 20.000 und 100.000.[3] Einig sind sich die Beiträge aber vor allem darin, dass der Großteil dieser Entscheidungen unbewusst getroffen wird. Dabei unterstützt uns auch die Fähigkeit, dass wir unbewusst Millionen von Eindrücken wahrnehmen, die dann in unserem Unterbewusstsein weiterverarbeitet werden.

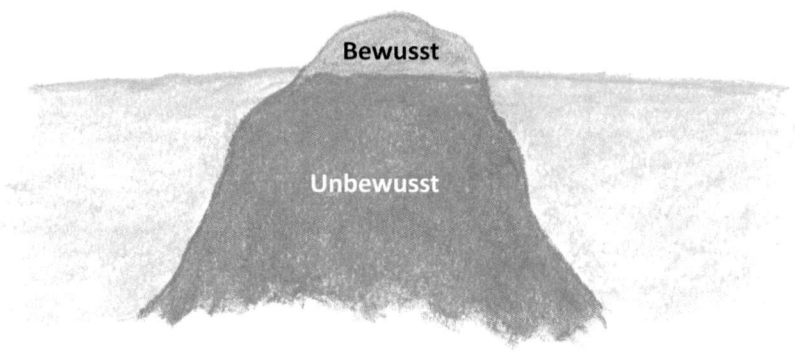

Abb. 2: Anteil bewusster und unbewusster Entscheidungen

Dieses Buch soll daher auch helfen, zu verstehen, wie wir mit unserem Bewusstsein dafür sorgen können, dass diese unbewussten Entscheidungen und Informationen auch wirklich für uns arbeiten – für das, was uns tatsächlich wichtig ist. Denn durch ein besseres Verständnis dafür, was den Fokus unserer Wahrnehmung bestimmt, und die Fähigkeit, diesen so auszurichten, wie wir es möchten, können wir tatsächlich auch die Arbeit unseres Unterbewusstseins positiv beeinflussen. Dadurch können wir die Entwicklung unserer Unternehmen auf einer ganz neuen Ebene steuern, bis Unternehmensabläufe in einen Fluss kommen, den ich „natürliche Effektivität" nenne.

Fallbeispiel:

Viele bekannte Unternehmer vereinen Fähigkeiten, wie sie in diesem Buch gezeigt werden. Berühmte Unternehmer haben oft eine ausgeprägte Intuition und ihre rechte Gehirnhälfte ist gut trainiert.

So ist Larry Page, Gründer von Google, ein ehemaliger Montessori-Schüler und Saxofonspieler. Beides hat geholfen, nicht nur seine kreativen Fähigkeiten allgemein zu trainieren und selbstständig, kritisch zu denken, sondern insbesondere seine rechte Gehirnhälfte und die Verbindung zwischen der linken und rechten Hirnhälfte, die nachweislich durch das Spielen eines Instruments erheblich verstärkt wird.

> Vielleicht sind es gerade diese ausgeprägten rechtshemisphärischen Fähigkeiten, die den Google-Chef dazu antreiben, immer wieder neue Visionen mit Leben zu füllen.

Grundsätzlich fiel mir bei der Arbeit an diesem Buch auf, dass sehr viele außergewöhnliche, visionäre Unternehmerpersönlichkeiten der Neuzeit aus den USA stammen. Ein Grund dafür könnte sein, dass in den USA in der Wirtschaft ein viel offeneres Gebaren herrscht. Fehlschläge werden anders bewertet, die Bürokratie ist geringer. Der amerikanische Traum – vom Tellerwäscher zum Millionär – scheint in der gesamten Kultur verankert zu sein, während die Deutschen ihre eigenen Möglichkeiten häufig durch Zwänge, Zweifel und zu viel Bodenständigkeit einschränken und Erfolge eher auf Basis von Fleiß und Tüchtigkeit hart erringen.

2.2 Der Glücksfaktor

Für das bessere Verständnis der anderen drei Faktoren beginnen wir mit der detaillierten Betrachtung der Ursachen der Schwere einmal beim zuletzt genannten Punkt, dem sogenannten „Glücksfaktor" in Unternehmen.

Wie die *Huffington Post* berichtete[4], stellte der Harvard-Professor Shawn Achor im Rahmen seiner langjährigen Forschungsarbeiten fest, dass Menschen beruflich viel erfolgreicher sein können, wenn sie glücklich sind. Ein Grund dafür ist seiner Ansicht nach, dass unser Gehirn in einem positiven Zustand um ca. 31 % produktiver ist als in einem negativen Zustand.

„Verkäufer steigern ihre Leistung um 37 Prozent. Ärzte arbeiten 19 Prozent schneller und akkurater, wenn ihr Gehirn in einem positiven Zustand ist", sagt er.

Was dieser „positive Zustand" genau ist, werden wir im Laufe des Buches noch näher betrachten, denn es geht hierbei nicht nur um das oberflächliche Gefühl des Glücklichseins, sondern um die gesamte innere Ausrichtung der eigenen Wahrnehmung.

Es gibt zahlreiche mentale, emotionale und weitere „Filter", die uns daran hindern, wirklich glücklich und damit wirklich produktiv zu sein.

Nach Achor ist einer der wichtigsten mentalen Filter der tief in der zivilisierten Welt verankerte Glaubenssatz, dass wir umso erfolgreicher sind, je härter wir arbeiten, und umso glücklicher werden, je erfolgreicher wir sind. Tatsächlich ist es jedoch genau anders herum: Je glücklicher wir sind, desto erfolgreicher werden wir.

Das alte Paradigma der Wirtschaft, wonach Individuen etwas anderes *haben* wollen und dafür Dinge *tun*, in der Hoffnung, am Ende anders zu *sein*, wird umgekehrt:

Wir ändern zuerst unser *Sein* und können von hier aus mit Leichtigkeit die richtigen Dinge *tun*, und das wird sich auch in den Dingen zeigen, die wir dann *haben*.

Wenn Sie dieses Buch der Reihenfolge nach lesen, werden Sie am Ende ein umfassendes Verständnis dafür haben, was Manager wie Mitarbeiter daran hindert, auf diese ca. 30 % höhere Produktivität wirklich zuzugreifen und – noch viel wichtiger – wie sich das ändern lässt.

Ich persönlich bin übrigens davon überzeugt, dass der tatsächliche Produktivitätsgewinn einer Organisation, die in allen Facetten den Weg des „schwerelosen" Unternehmens beschreitet, weit über den von Achor genannten 30 % liegt.

2.3 Der Fokus unserer Aufmerksamkeit als Erfolgskriterium

Im Abschnitt *Der Glücksfaktor* war bereits die Rede davon, dass es bei Glück und Wohlbefinden nicht einfach nur um oberflächliche Gefühle geht, sondern um die komplette Ausrichtung unserer Aufmerksamkeit.

Grundsätzlich ist diese Idee nicht neu. Die Psychologen wissen es (bekannt geworden unter anderem durch das Konzept der „selbsterfüllenden Prophezeiungen" sowie in der gesamten Strömung der „positiven Psychologie"), die Physiker haben Entdeckungen gemacht, die darauf hinweisen (z. B. bei Experimenten im Rahmen der Quantenphysik) und streiten noch immer darüber, was es bedeutet, und Philosophen wie spirituelle Lehrer verbreiten es seit Jahrtausenden: Der Fokus unserer Aufmerksamkeit und unsere gesamte Wahrnehmung entscheiden darüber, wie wir uns fühlen, was wir ausstrahlen, wie andere Menschen auf uns reagieren und vielleicht sogar darüber, wie sich unsere Realität entfaltet – sie entscheiden darüber, wie glücklich wir sind und wie erfolgreich – aus ganzheitlicher Sicht – ein Unternehmen sein kann.

So legen z. B. Interpretationen der Quantenphysik nahe, dass es um uns herum tatsächlich eine Art Raum gibt, der ein unendlich großes Informationsfeld enthält, in dem alle Möglichkeiten unserer Realität enthalten sind und bei dem der Fokus unserer Aufmerksamkeit darüber entscheidet, was wir letztlich aus all diesen Informationen auswählen und somit in unserem Leben manifestieren.

Solche theoretischen Modelle werden von vielen Menschen bestätigt, die ihre Wahrnehmungsfähigkeiten entsprechend trainiert haben und die diesen „Möglichkeitsraum" zum Teil sehr detailliert wahrnehmen können.

Auch mir gelingt es – nach längerem Training meiner rechten Gehirnhälfte – inzwischen, grobe Rahmen und Energien dieses Raumes wahrzunehmen und dadurch meinen Fokus immer besser so auszurichten, wie ich es mir wünsche.

Wer sich für die detaillierten physikalisch-philosophischen Zusammenhänge interessiert, dem sei das Buch *Die Entstehung der Realität* von Jörg Starkmuth[5] besonders ans Herz gelegt.

Es ist jedoch nicht notwendig, in diese metaphysische Ebene hinabzutauchen, die bei vielen Menschen – trotz wissenschaftlicher Forschungsansätze in diese Richtung – noch immer Skepsis auslöst. Egal, ob Sie an irgendeinen physikalisch-philosophischen Zusammenhang glauben oder einfach Pragmatiker sind – die Ausrichtung der Aufmerksamkeit auf das Positive ist auf jeden Fall von Vorteil! Dies bestätigen auch Ergebnisse der etablierten Psychologie und Sozialforschung.

Denn in dem Moment, wo Sie diese positive Ausrichtung haben, ist Ihr logischer Verstand wacher, Ihre Intuition verbessert sich, Sie bekommen vielseitigere Ideen, Sie haben eine bessere Ausstrahlung auf andere Menschen, Sie haben mehr Kraft und Energie. Diese Atmosphäre kann sich durch Ihr ganzes Unternehmen ziehen. So finden Sie letztlich auch mehr und fähigere Fachkräfte, da sich die Menschen in Ihrem Unternehmen wohlfühlen; Sie reduzieren stressbedingte Krankheitsfälle und sind einfach produktiver (erinnern Sie sich an die eingangs zitierten durchschnittlich 30 % Produktivitätssteigerung bei glücklichen Mitarbeitern).

Abb. 3: Der Fokus unserer Aufmerksamkeit entscheidet darüber, was wir wahrnehmen, und von dort aus, wer, was und wie wir sind.

Praxisübung:

Damit Sie nicht nur theoretisch davon lesen, empfehle ich Ihnen folgende Übung:

Denken Sie einmal an eine aktuelle Alltagssituation bzw. Situation in Ihrem Unternehmen oder Ihrem Beruf, die Druck, Stress oder Angst erzeugt, sich also unangenehm für Sie anfühlt. Fühlen Sie sich einmal in diese Situation und die damit einhergehenden Gefühle ein. Und nun beantworten Sie einmal aus dem Bauch heraus die folgenden Fragen:

Wie ist in diesem Zustand, wenn Sie also ihre Aufmerksamkeit auf dieses Ereignis bzw. die damit verbundenen Gefühle legen, Ihre Ausstrahlung und Anziehungskraft gegenüber anderen Menschen? Wie leistungsfähig fühlen Sie sich gerade in diesem Zustand? Wie kreativ sind sie? Wie gesund und fit fühlen Sie sich?

Danach suchen Sie sich bitte ein positives Ereignis – etwas, worauf sie stolz sind, was ihnen Freude bereitet oder bereitet hat. Fühlen Sie sich auch in diese Situation ein und spüren Sie wieder nach. Wie ist ihre Anziehungskraft auf andere Menschen in diesem Zustand? Wie ist ihre Begeisterungsfähigkeit und Überzeugungskraft? Wie leistungsfähig fühlen Sie sich in diesem Zustand? Wie kraftvoll und gesund?

Merken Sie den Unterschied?

Klar auf ein Ziel fokussiert zu sein gehört wohl zu den ältesten und wichtigsten Erfolgsrezepten eines jeden Unternehmers.

Aber: In der Praxis wurde bisher meist missverstanden, was dieser konkrete „Fokus" tatsächlich alles umfasst. Die meisten Menschen gehen davon aus, dass es reicht, ein klares Ziel zu definieren und in diese Richtung zu laufen. Aber so einfach ist es leider nicht!

Es reicht nicht, „positiv" zu denken, Ziele positiv zu formulieren, das Wort „Problem" zu vermeiden oder was sonst noch an Halbwahrheiten gelehrt wird. Denn die Einflüsse unseres gesamten Gedanken- und Glaubenssystems, unseres Fühlens und unserer Identifikationen spielen alle eine komplexe Rolle dabei, wohin wir unsere Aufmerksamkeit lenken – sprich, was wir tatsächlich als Ziel fokussieren.

Das meiste, was unsere Aufmerksamkeit beeinflusst, spielt sich dabei auf einer unbewussten Ebene ab und widerspricht häufig sogar dem, was wir bewusst denken.

Es geht also um unser *gesamtes* Denken, Fühlen und Sein, nicht nur um die Gedanken, auch wenn diese am offensichtlichsten sind und schon am besten untersucht wurden.

So zeigen wissenschaftliche Studien und Fallbeispiele, welche lebenswichtige Bedeutung allein unsere Glaubenssätze haben. Hier gibt es sehr spannende Studien und Einzelfälle, die sich speziell mit der Wirkung von Placebos und mit sogenannten Nocebo-Effekten beschäftigen. Sogar in einer Studie des Wissenschaftsbeirats der Bundesärztekammer wurde festgestellt, dass Placebo-Medikamente (also Scheinmedikamente ohne Wirkstoff) in ca. 30 % aller Fälle tatsächlich eine neurobiologische Wirkung haben, auch wenn die gesamte Placebo-Forschung aufgrund der großen Komplexität vom Verständnis her noch in den Kinderschuhen steckt.[6]

Wenn wir ein Medikament einnehmen und erwarten, dass es uns hilft, dann schüttet unser Gehirn Botenstoffe aus, die dafür sorgen, dass unser Körper seine Selbstheilungskräfte aktiviert und sich die passenden Wirkstoffe selbst herstellt.

Noch erstaunlicher sind die Erkenntnisse aus der sogenannten Nocebo-Forschung. Denn Menschen können sich auch krank denken – bis hin zum eigenen Tod, wie Fallbeispiele des amerikanischen Forschers Dr. Howard Brody zeigen.[7]

Fallbeispiel:

Im Beispiel von „Mr. Wright", der an Lymphdrüsenkrebs erkrankt war, nahm dieser an einer Teststudie zur Wirksamkeit eines neuen Medikaments namens *Krebiozen* teil. Sein Tumor schrumpfte mit diesem Medikament rasend schnell. Allerdings las er wenig später, dass sich das Medikament in der Studie als wirkungslos erwiesen hatte – sein Tumor wuchs danach sehr schnell wieder lebensbedrohlich an.

Daraufhin erzählten ihm die Ärzte (die wussten, dass der vorherige Erfolg ein reiner Placebo-Effekt gewesen sein musste), dass eine neue, wirkungsvollere Variante entwickelt worden sei, und gaben ihm als Pla-

---

cebo steriles Wasser. Der Tumor des Patienten, der glaubte, das neue Medikament zu bekommen, ging wiederum massiv zurück. Aber als er wenige Monate später in der Zeitung las, dass dieses Medikament vollkommen wirkungslos war, begann der Tumor wiederum so schnell und drastisch zu wachsen, dass der Patient wenige Wochen nach diesem Zeitungsbericht verstarb.

Wenn Überzeugungen, Erwartungen und Annahmen eine so große Wirkung auf unseren Körper haben, ist es naheliegend, dass diese auch Einfluss auf unseren beruflichen Erfolg haben. Denn letztlich sind es auch hier Menschen, die einfach nur in unterschiedlich großen Kollektiven zusammenarbeiten.

Praxisübung:

Denken Sie einmal an drei Dinge oder Situationen in Ihrem Leben oder in Ihrer Firma, die richtig gut gelungen sind. Reflektieren Sie, welche Annahmen Sie bezüglich der Situation hatten – wie haben Sie sich gefühlt, welche Einstellung hatten Sie dazu? Und dann nehmen Sie sich einmal drei Beispiele, wo etwas nicht so gelaufen ist, wie Sie wollten. Wie haben Sie sich diesbezüglich vorher gefühlt, welche Gedanken hatten Sie? (Seien Sie ehrlich!) Erkennen Sie Zusammenhänge? Wenn nicht: Können Sie sicher ausschließen, dass es keine Zusammenhänge gibt? Gibt es vielleicht Dinge, die Sie nicht sehen möchten, die aber ganz leise in Ihrem Hinterkopf oder Bauch sitzen?

Selbst wenn alle Ereignisse in Ihrem Leben und Unternehmen reiner Zufall wären: Was wäre der ökonomischere Ansatz, um erfolgreicher zu sein? Alles dafür zu tun, dass jeder Mitarbeiter seine Aufmerksamkeit möglichst positiv ausrichtet, oder einfach weiterzumachen wie bisher und die Mitarbeiter mit noch mehr Druck anzutreiben?

Denn auch wenn man nicht an den direkten Einfluss des menschlichen Bewusstseins auf die Realität glaubt, können viele der hier vorgestellten Maßnahmen helfen, mehr Leichtigkeit, Freude und Effektivität in unsere Unternehmen zu bringen, da, wie anfangs beschrieben, Menschen dann auf jeden Fall wesentlich produktiver sind. Ganz nebenbei werden Sie auch noch eine geringere Fluktuation und geringere Fehlzeiten haben, wenn die Mitarbeiter entspannter bei ihrer Arbeit sind.

Und falls doch ein Funken Wahrheit in der Theorie des Einflusses unseres Bewusstseins auf die Realität steckt, sind Sie Ihren Wettbewerbern, die nicht diesen Weg gehen, auf jeden Fall einige Schritte voraus.

Aber was bedeutet eine „positive Ausrichtung" unserer Aufmerksamkeit nun konkret? Detailliert wird das natürlich im Laufe dieses Buches noch erklärt. Aber um bereits eine Idee davon zu bekommen, hilft es, wenn wir nicht nur darüber nachdenken, sondern einmal spüren, wie sich eine positive Ausrichtung anfühlt.

Praxisübung:

Bitte legen Sie jetzt einmal alle Gewohnheiten, Gelesenes nur zu durchdenken, beiseite und versuchen Sie, auch Ihr Gefühl mitarbeiten zu lassen.

Denken Sie dazu noch einmal kurz an ein schönes Ereignis in Ihrem Leben, etwas, das Ihnen gut gelungen ist, etwas, worüber Sie sich gefreut haben – egal ob es ein großartiger Deal mit einem neuen Kunden war oder ein schönes Candlelight-Dinner mit einem oder einer Liebsten, ein netter Abend mit Freunden oder der Austausch mit den Kollegen.

Und jetzt spüren Sie einmal in Ihren Körper, wie Sie sich fühlen, wenn Sie daran denken. Wie ist Ihre Anziehungskraft auf andere Menschen in diesem Zustand? Wie ist ihre Begeisterungsfähigkeit und Überzeugungskraft? Wie leistungsfähig fühlen Sie sich in diesem Zustand? Wie kraftvoll und gesund?

Spüren Sie auch einmal nach, ob sich der Gedanke an diese Situation eher leicht oder eher schwer anfühlt. Erscheint ihnen dieses Ereignis eher hell oder dunkel, weit oder eng, kraftspendend oder kraftraubend? Spüren Sie eher einen sanften Zug nach oben, in Richtung Kopf, oder eher nach unten? Sie müssen zur Beantwortung dieser Fragen nicht unbedingt ein Bild vor Ihrem inneren Auge sehen. Es genügt eine intuitive, ungefähre Wahrnehmung.

Danach nehmen Sie zum Vergleich einmal eine Situation, die Sie geärgert hat oder sonst irgendwie von Ihnen als „negativ" bewertet wird. Spüren Sie auch hier gemäß den oben gestellten Kriterien erst einmal

---

nach, wie Sie sich insgesamt fühlen, wenn Sie an diese negative Situation denken. Wie überzeugend wirken Sie jetzt gerade, wie ist Ihre Ausstrahlung? Wie leistungsfähig schätzen Sie sich ein? Danach schauen Sie bitte, wie sich Ihr Körper bzw. Ihre gefühlsmäßige Wahrnehmung des Ereignisses anfühlt – also eher leicht oder schwer, hell oder dunkel, weit oder eng, kraftspendend oder -raubend, nach oben oder unten ziehend.

Wechseln Sie bitte zum Abschluss noch einmal auf das positive Ereignis und nehmen Sie diese schöne Energie mit in die weitere Lektüre!

Wir wollen die Gesamtheit dieser zu einem konkreten Thema wahrgenommenen Qualitäten (hell/dunkel etc.) im Folgenden als „Energie" bezeichnen. Die im Beispiel genannten Qualitäten sind universelle, archetypische Repräsentationen unseres Unterbewusstseins, die von allen Menschen in sehr ähnlicher Weise wahrgenommen werden. Sie sind daher ein zuverlässiger Indikator dessen, was in Ihnen vorgeht. Vielleicht können Sie nicht alle Eigenschaften gleich gut wahrnehmen, aber die grundsätzliche Zuordnung ist bei allen Menschen gleich.

Die leichte, helle, weite, kraftvolle und nach oben ziehende Energie, die Sie bei der Erinnerung an das schöne Ereignis wahrgenommen haben, entspricht einer positiven Ausrichtung Ihrer Wahrnehmung, also einem positiven Fokus Ihrer Aufmerksamkeit im Sinne dieses Buches. (Anmerkung: Falls Sie diese Energie nicht spüren konnten, nehmen Sie sich noch einmal ein anderes Beispiel vor.) Eine schwere, dunkle, enge kraftraubende und eher nach unten ziehende Energie bedeutet eine negative Ausrichtung der Wahrnehmung.

Wenn wir unsere Aufmerksamkeit möglichst auf allen Ebenen unseres Seins positiv, also nach oben ausrichten, können wir diese angenehme Energie spüren, selbst wenn die äußeren Umstände noch nicht so positiv sind. Und damit ebnen wir den Weg hin zur äußeren Manifestation dieser positiven Energie – wir schwingen uns quasi darauf ein, und dann können sich die Dinge entsprechend positiv entwickeln. Denn unser Umfeld reagiert auf diese positive Ausstrahlung in vielerlei Hinsicht. Wie wir das genau erreichen können, wird im weiteren Verlauf erläutert.

2.4 Selbstsabotage im Management durch Wahrnehmungsfilter und starre Vorgaben

Während der Fokus unserer Aufmerksamkeit dafür sorgt, dass wir tatsächlich in die Richtung schauen, in die wir uns bewegen wollen, sind unsere sogenannten Wahrnehmungsfilter dafür verantwortlich, welche Möglichkeiten in der Welt wir wahrnehmen und damit auch ins Leben rufen können.

Diese „Filter" werden durch zahlreiche innere Muster (erlernte Bewertungs- und Reaktionsprogramme in unserem Gehirn) gebildet, wie wir später noch im Detail erkennen werden.

Wie viele und welche großartigen Möglichkeiten ein Unternehmen wahrnehmen kann, hängt beispielsweise auch davon ab, wie offen es im Arbeitsalltag agiert.

So ist es im Unternehmensalltag grundsätzlich üblich, Ziele zu setzen – meist sehr konkret. Wir sollen einen Umsatz von mindestens x € erreichen, eine Umsatzsteigerung um x %, die Kosten um x % senken und vieles mehr. Diese Daten sind für das gesamte Wirtschaftssystem von Bedeutung und liefern bei Aktienunternehmen z. B. wertvollen Input für die Börse. Aber tun wir dem Unternehmen damit wirklich einen Gefallen?

Meine Antwort lautet: Jein. Natürlich brauchen wir Ziele, damit jeder im Unternehmen Beteiligte weiß, in welche Richtung die Mannschaft läuft. Aber wir sollten uns auch Folgendes vor Augen halten:

1. Mit allen konkreten Zahlen schränken wir uns massiv ein. Vielleicht könnten wir den Umsatz sogar verdoppeln oder vervielfachen, aber indem wir uns auf das Ziel von x % konzentrieren, schränken wir uns ein.

2. Solche Zielsetzungen kommen fast immer aus dem Verstand, und dieser kann nur eine sehr begrenzte Menge an Einflussfaktoren berücksichtigen, während z. B. unsere Intuition viel schneller viel mehr Erfahrungswerte – auch unbewusste – miteinander verknüpfen kann und dadurch mehr Möglichkeiten in Betracht zieht und einen anderen Blickwinkel auf die Zielsetzung einnimmt.

3. Solche Ziele helfen meist nicht, in einer hellen, weiten und leichten Energie zu bleiben, sondern richten unsere Aufmerksamkeit oft sogar direkt (z. B. bei Cost-Saving-Programmen) oder indirekt aufs Negative aus, indem aus den Zielen gefühlte Notwendigkeiten werden oder wir den Fokus einfach in Richtung Mangel halten (z. B. „Wir müssen sparen"). Details dazu folgen im weiteren Verlauf des Buches.

4. Konkrete Zielvorgaben sind meist eher kurzfristig und vernachlässigen häufig die langfristige Wirkung. Vielleicht wäre es für die Entwicklung des Unternehmens gesünder, durch eine Neuprodukteinführung auch einmal ein Jahr lang Minus zu machen, um danach wie eine Rakete aufzusteigen – solche Möglichkeiten verbauen wir uns durch Vorgaben, die aus dem begrenzten Verstand kommen.

5. Solche rein quantitativen Ziele entsprechen dem „alten" Denken und erfassen nicht den Erfolg des Unternehmens als Ganzes in der Gesellschaft.

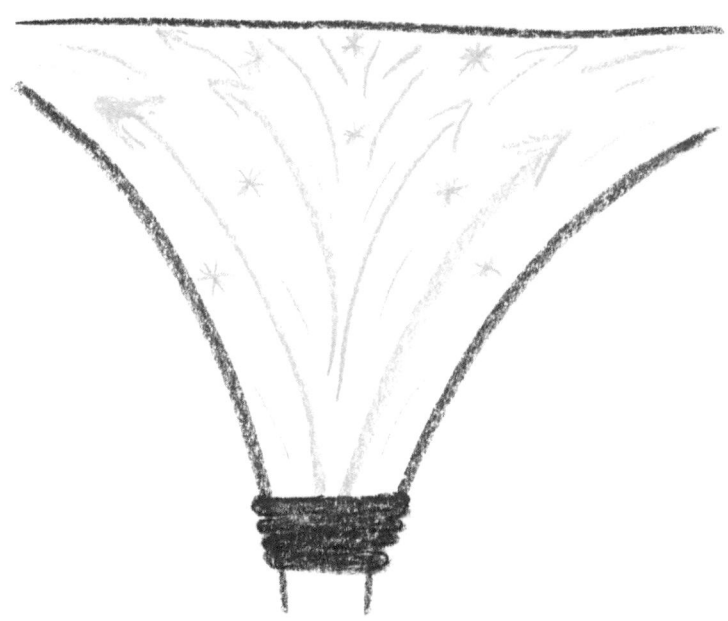

Abb. 4: Wirkung der Einschränkung von Zielen

Fallbeispiel:

In der französischen Firma *FAVI*, einem Zulieferer für die Automobilindustrie, dem es gelungen ist, unter den aktuellen Marktbedingungen in Frankreich statt in Fernost weiterzuproduzieren, arbeiten die Verkaufsmanager ohne Verkaufsziele. Trotzdem fährt das Unternehmen jährlich hohe Gewinne ein. Das Geheimrezept dahinter: *FAVI* ist in selbstführende Teams strukturiert und die Verkaufsmanager berichten direkt an ihre Teams, damit dort die Aufträge geplant und realisiert werden. Dieser direkte Draht einerseits zum Kunden und andererseits zu den produzierenden Kollegen führt zu einer hohen intrinsischen Motivation und dem Bewusstsein, dass der eigene Job und der Job der Kollegen von den persönlichen Verkaufserfolgen abhängen. Im Übrigen bekommen die Mitarbeiter alle eine Gewinnbeteiligung. Der Erfolg des Einzelnen ist somit auch ein Teamerfolg und umgekehrt.[8]

Im Praxisteil werden wir auf die Festlegung von Zielen noch ausführlich eingehen.

Unabhängig von der konkreten Struktur und Führungsweise des Unternehmens glaube ich, dass die Aufgabe, konkrete Ziele zu formulieren und deren Erreichen zu kontrollieren, in einem schwerelosen Unternehmen stark an Bedeutung verliert. Sie wird ersetzt durch ein Wechselspiel von „Spüren und Antworten", an dem im Idealfall alle Mitarbeiter beteiligt sind (siehe auch die Ansätze von F. Laloux[8]).

Ich sehe die Hauptaufgabe des Managements in Zukunft darin, für die passenden Rahmenbedingungen und für die positive Grundausrichtung des Unternehmens zu sorgen, also möglichst permanent die Ausrichtung auf die helle, weite, leichte und kraftspendende Energie zu erreichen und korrigierend einzugreifen, wenn Sie spüren, dass diese Energie in einzelnen Bereichen, bei einzelnen Mitarbeitern oder in speziellen Situationen absackt.

Während die Unternehmensspitze vor allem für eine tragfähige Vision und eine ins Helle, Leichte, Weite und Kraftvolle ausgerichtete, lebendige Strategie zuständig ist, sorgt das Management der darunterliegenden Ebenen dafür, die Kursrichtung zu erhalten – nämlich die Aufmerksamkeit im gesamten Team und bei den Alltagsaufgaben immer wieder aufs Positive auszurichten und zu spüren, wo es ggf. klemmt. Ausgehend von dieser positiven Ausrichtung und einer gut geschulten Intuition kann ein Manager dann sehr leicht erkennen, welche Aufgaben, Strukturen und Prozesse notwendig und welche Ziele geeignet sind, um die gewünschten Projekte und Aufgaben umzusetzen. Dabei zählt jedoch, dass immer die positive Ausrichtung und Energie das Entscheidungskriterium ist, selbst wenn das ggf. eine Kurskorrektur bedeutet, Ziele verändert werden müssen u. Ä.

Mir ist bewusst, dass die hier angerissenen Ansätze des Managements viel Umdenken und Umlernen erfordern, bis hin zu einer neuen Definition von „Erfolg", die über reine Gewinnmaximierung hinausgeht.

Ich bin überzeugt, dass wir auf diesem Weg wesentlich gesündere und auch erfolgreichere Unternehmen erhalten und sich auch die Außenwirkung dieser Unternehmen positiv verändern wird.

2.5 Brachliegende Ressourcen jenseits der Logik

Mit dem wachsenden Einfluss der Managementlehre und der Entwicklung familiengestützter Unternehmen hin zu Großunternehmen, Aktiengesellschaften und anderen managementgeführten Unternehmensformen hat sich die Nutzung unseres logischen Verstandes immer mehr zu Ungunsten der Intuition und unserer „rechtshemisphärischen" Fähigkeiten entwickelt.

Inzwischen ist den meisten Menschen bewusst, dass die beiden Hemisphären unseres Gehirns unterschiedliche Arbeitsweisen und Fähigkeiten haben und damit sehr verschiedene Arten zu denken.

Es sei angemerkt, dass die pauschale Aufteilung dieser Denkweisen auf die beiden Gehirnhälften eine Vereinfachung darstellt, denn tatsächlich sind nach neueren Erkenntnissen der Hirnforschung bei fast allen Prozessen beide Hemisphären beteiligt – man beobachtet lediglich Aktivitätsschwerpunkte in jeweils einer der beiden Gehirnhälften. Für die Betrachtung in diesem Buch wollen wir der Einfachheit halber aber bei der „klassischen" Zuordnung bleiben, da es hier nicht um die physiologischen, sondern um die mentalen Unterschiede unserer beiden Denksysteme geht.

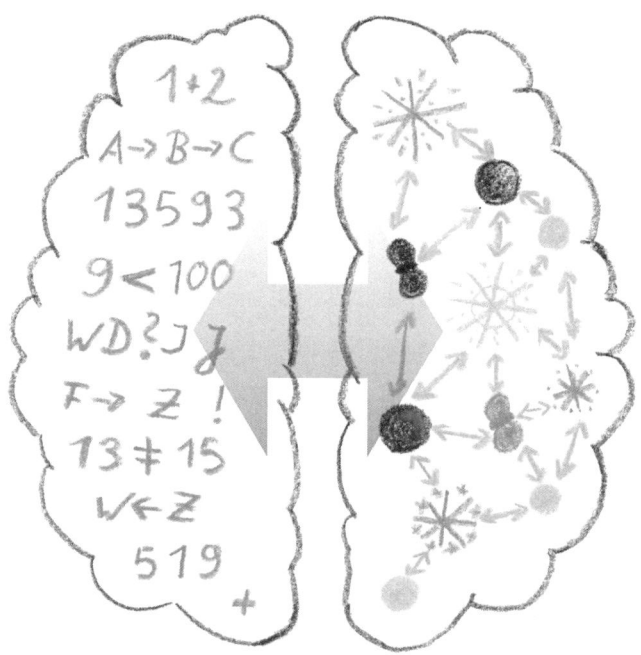

Abb. 5: Zusammenspiel von rechter und linker Gehirnhälfte

Während die linke Gehirnhälfte eher logisch, analytisch, sequenziell und sprachbasiert denkt, punktet die rechte Gehirnhälfte durch Denken in Bildern, das Erfassen von „Energien" (im Sinne der Definition dieses Buches) sowie komplexer und paralleler Wahrnehmung und Verknüpfung.

Dennoch wird heute umgangssprachlich „Denken" meist mit dem logisch-analytischen Vorgehen unserer linken Gehirnhälfte gleichgesetzt. In der rechten Gehirnhälfte spielen sich dagegen viele unbewusste Prozesse ab. Unsere Intuition als unbewusste Form des Denkens hat ihren Ursprung überwiegend in der rechten Gehirnhälfte. Thomas R. Blakeslee bezeichnet in seinem Werk *Das rechte Gehirn. Das Unbewusste und seine schöpferischen Kräfte* die rechte Gehirnhälfte auch als „unbewussten Geist".[9] Er erklärt auch, dass „Intuition" einer der abstrakten Begriffe ist, die zur Bezeichnung dieses Phänomens geprägt wurden.

Wenn in diesem Buch von „Intuition" gesprochen wird, geschieht das meist im Sinne dieses etwas weiteren Intuitionsbegriffs.

Obwohl es seit den 80er Jahren immer wieder interessante Literatur zum Thema „intuitives Management" gab, konnten sich intuitive Fähigkeiten in der faktenbasierten Managementwelt bisher nicht ausreichend als wertvolles Werkzeug durchsetzen. Dabei zeigen Untersuchungen und Studien, insbesondere in den USA, dass sich Manager und Führungskräfte in Spitzenpositionen wesentlich häufiger auf ihre Intuition verlassen als Manager in mittleren Positionen oder Mitarbeiter ohne Führungsverantwortung.[10] Damit beschneiden sich Unternehmen einer wichtigen Ressource.

Damit will ich nicht sagen, dass wir keine Fakten und keinen Verstand mehr bräuchten – es geht darum, unsere Intuition im Sinne unserer rechtshemisphärischen Fähigkeiten als gleichberechtigten Partner mit ins Boot zu holen.

Es gibt verschiedene Kompetenzfelder, in denen sich unsere intuitiven Fähigkeiten gerade im beruflichen Umfeld besonders hervorheben.[11] Für mich zeigen sich vor allem zwei verschiedene Aspekte – zum einen in verschiedenen Bereichen das richtige *Gespür* zu entwickeln und zum anderen bestimmte *Fähigkeiten*, die für intuitive Lösungen wichtig sind.

- Das Gespür für das Wesentliche

- Das Gespür für das richtige Timing

- Das Gespür für die besten Möglichkeiten

- Das Gespür für andere Menschen (auch Empathie genannt)

- Die Fähigkeit, sich für kreative Ideen zu öffnen (z. B. das Empfangen von „Geistesblitzen")

- Die Fähigkeit, spontane Lösungen zu sehen, wenn die Realität anders aussieht als die Pläne

- Die Fähigkeit, Komplexität zu erfassen und zu verarbeiten

- Die Fähigkeit, aus Erfahrungen heraus spontan Einschätzungen und Abschätzungen zu geben

Während die ersten vier Punkte, also das jeweils passende Gespür, vor allem eine Frage des Trainings der rechten Gehirnhälfte und der Wahrnehmung von Energien (egal ob bewusst oder unbewusst) sind, entwickeln sich die intuitiven Fähigkeiten vielfach vor allem aus der praktischen Erfahrung heraus.

Beispiel:

Ein versierter Schreiner kann aufgrund seiner beruflichen Erfahrung bei einem Kundenauftrag sicher abschätzen, was das gewünschte Produkt ungefähr kosten würde, wie viele Arbeitsstunden wahrscheinlich benötigt werden und Ähnliches.

Ob es aber am Ende für ihn gut ist, den Kundenauftrag anzunehmen, und welchen Termin er dem Kunden nennen sollte, erkennt er, wenn er auch ein Gespür für den Menschen hat, der vor ihm steht, sowie für das Timing insgesamt und für alternative Möglichkeiten, die sich möglicherweise kurzfristig bieten könnten.

Ein Großteil der Managementaufgaben besteht aus Entscheidungen. So sind nicht nur zahllose Manager damit beschäftigt, Entscheidungen zu fällen – insbesondere in großen Unternehmen gibt es drumherum noch zahlreiche Mitarbeiter, die fast ausschließlich damit beschäftigt sind, diese Entscheidungen vorzubereiten, indem sie Fakten sammeln, aufbereiten und Szenarien entwickeln und natürlich auch selbst Entscheidungen fällen müssen.

Und trotz all dieser Fakten stehen die meisten Entscheidungen auf tönernen Füßen – schlicht und einfach, weil wir mit unsrem Verstand erstens immer nur in die Vergangenheit und Gegenwart schauen können, und zweitens, weil die Komplexität vieler Themen so groß ist, dass sie unser logischer Verstand kaum überblicken kann.

Genau hier kommt der Helfer Intuition mit ins Boot. Denn unsere Intuition kann durch die entsprechenden „energetischen" Wahrnehmungsfähigkeiten des rechten Gehirns eher eine Art „Blick" in die Zukunft werfen als unser Verstand und dadurch unbewusst Dinge wahrnehmen, die sich der Logik verschließen.

Umgangssprachlich werden solche intuitiven Entscheidungen auch „Bauchentscheidungen" genannt und man spricht vom „Bauchgefühl".

Wenn vielleicht Top-Manager sich noch diesen Luxus von „Bauchentscheidungen" erlauben dürfen, sieht es im unteren und mittleren Management schon ganz anders aus. Hier sind Fakten gefragt und genau dasselbe wird von den Fachexperten erwartet. Dadurch werden nicht nur wertvolle menschliche Ressourcen verschwendet, sondern auch Chancen vergeben, die Informationen der Intuition mit in eine Entscheidung einzubeziehen. Denn manchmal sind die Botschaften der Intuition eben nicht mit dem Verstand begründbar.

Sehr drastisch drückt es J. Kelber in einem Interview von R. Zitelmann im *Spiegel* aus: „Die Geschäfte aus dem Bauch sind gut und schnell, …, aber wenn du in einem Konzern erst Dutzende von Zetteln ausfüllen und Vorlagen schreiben musst, sind die dann weg."[12]

Dabei ist unsere Intuition um ein Vielfaches leistungsfähiger als unser logischer Verstand. Der Glücksforscher und Persönlichkeitstrainer Bodo Deletz erklärt in seinen Seminaren und Büchern, dass unsere Intuition in der Lage ist, etwa 400 Milliarden Informationsverarbeitungsschritte pro Sekunde auszuführen. Unser logischer Verstand dagegen schafft lediglich ungefähr 40 Informationseinheiten pro Sekunde! Durch diese enorme Geschwindigkeit gelangen diese Informationsverarbeitungsschritte gar nicht erst in unser Bewusstsein, sondern spielen sich unbewusst ab. Natürlich laufen solche enorm komplexen und schnellen Prozesse nicht immer fehlerfrei ab.

Experten wie z. B. Gerd Gigerenzer[13] vom Max-Planck-Institut, Dr. Markus Hänsel[11] oder Bodo Deletz sind sich einig, dass die Intuition auch irren kann. Der Hauptgrund dafür liegt in der schnellen Verallgemeinerung von Situationen und Erfahrungen, was auch zu „vorschnellen" oder gewohnheitsmäßigen Reaktionen führen kann. Der zweite Grund ist, dass starke Emotionen wie z. B. Angst unsere Intuition auch verzerren können. Daher ist es wichtig, dass Intuition und Verstand immer Hand in Hand arbeiten – es ist aber kein Grund, intuitive Fähigkeiten zu ignorieren, denn in der Nutzung der Intuition liegt eine wertvolle Effizienzressource, die wir in den Unternehmen unbedingt bewusster nutzen sollten!

2.6 Das Zusammenspiel von Intuition und Aufmerksamkeit

Unsere Intuition ist ein wertvoller Helfer, nicht nur bei Alltagsaufgaben im Unternehmen, sondern auch und gerade wenn es darum geht, unsere Aufmerksamkeit positiv auszurichten.

Man kann sich vorstellen, wie komplex die Fokussierung auf nur ein einziges Unternehmensziel wird, wenn auch nur zwei Menschen mit all ihren Glaubensmustern, Annahmen und Überzeugungen, emotionalen Mustern usw. involviert sind (in der Praxis sind es meist deutlich mehr). Natürlich spielen nicht alle mit hinein, aber es ist logisch kaum erfassbar, welche Gedanken oder mentalen Konzepte hier jeweils interagieren, da uns diese vielfach gar nicht bewusst sind.

Unsere Aufmerksamkeit auf allen Ebenen wirklich wahrzunehmen und immer wieder auf das zu fokussieren, was wir erreichen wollen, ist allein mit unserem bewussten Verstand kaum möglich. Das erklärt sich allein schon aus den bereits dargelegten vielen unbewusst ablaufenden Wahrnehmungen und Entscheidungsprozessen.

Um hier bewusst steuern zu können, müssten wir außerdem all unsere Glaubenssätze und Annahmen über die Realität kritisch hinterfragen, was jedoch wieder nur innerhalb des begrenzten Rahmens unserer kulturellen und gesellschaftlichen Prägungen, Glaubenssätze und Überzeugungen geschehen kann – sprich: innerhalb der Grenzen unseres Verstandes. Außerdem spielen auch viele andere Energien in unsere Aufmerksamkeit mit hinein, wie z. B. unsere emotionalen Zustände, Identifikationen u. Ä., die sich mit reiner Logik nur sehr begrenzt erfassen und schon gar nicht verändern lassen.

Zum Glück sind wir nicht auf die Fähigkeiten unseres Verstandes und unserer linken Gehirnhälfte beschränkt, sondern können hier auf Fähigkeiten unserer Intuition zurückgreifen, die schwerpunktmäßig in unserer rechten Gehirnhälfte verankert sind. Sie ist der wichtigste Partner, wenn es darum geht, zu erkennen, wo wir gerade mit dem Fokus unserer Aufmerksamkeit sind. Dabei besteht der wesentliche Vorteil darin, dass wir mithilfe unserer Intuition auch unbewusste mentale und emotionale Muster so weit wahrnehmen können, dass wir ihren Einfluss auf die Ausrichtung unserer Aufmerksamkeit erkennen und vielfach sogar korrigieren können.

Es gibt verschiedene Möglichkeiten, unsere intuitiven Fähigkeiten hierfür zu entwickeln. Diese werden im Laufe des Buches ausführlich besprochen.

3 Das schwerelose Unternehmen

3.1 Wie könnte ein schwereloses Unternehmen in der Praxis aussehen?

Stellen Sie sich vor, Sie betreten Ihr Unternehmen am Montagmorgen voller Vorfreude auf den Arbeitstag. Sie freuen sich auf Ihr schönes Büro, auf Ihre Kollegen und die Dinge, mit denen Sie heute zum Erfolg des Unternehmens beitragen können.

Wie wäre es, wenn Ihr Unternehmen mit Leichtigkeit Geld verdienen würde und dieses genauso leicht an die Mitarbeiter weiterfließen würde?

Können Sie sich einen Arbeitsplatz ausmalen, an dem Sie ohne äußeren Druck einfach ganz entspannt und hoch motiviert Ihrer Tätigkeit nachgehen? Einen Chef, der Ihnen freundlich auf die Schulter klopft und wertschätzt, was Sie heute geschafft haben?

Es wäre ein Unternehmen, in dem Work-Life-Balance kein Thema ist, weil es keine Trennung zwischen Arbeit und Leben gibt. Ihre Arbeit und Ihr Leben sind eins und die Zeit im „Job" fügt sich nahtlos in ihre familiären Bedürfnisse und Abläufe ein.

Ihre Projekte laufen fast immer rund, und wenn es irgendwo hakt, finden Sie gemeinsam mit den Kollegen und Geschäftspartnern schnell Lösungen.

Allgemein sind schwerelose Unternehmen Organisationen, denen es gelingt, ihr höchstmögliches Potenzial auszuschöpfen – und zwar mit Leichtigkeit, einem natürlichen Fluss der Dinge folgend, nicht durch Kampf, Druck oder Stress.

Ich möchte folgende Merkmale beispielhaft aufführen, die natürlich nur einen winzigen Ausschnitt aus den vielfältigen Kennzeichen darstellen:

1. Ein schwereloses Unternehmen ist sich seiner Unternehmensvision, seiner Aufgabe für die Kunden und Mitarbeiter und seines grundsätzlichen Daseinszwecks sehr bewusst.

2. Immaterielle und materielle Ziele ergänzen sich, gehen Hand in Hand und lassen sich mit Leichtigkeit sehr erfolgreich erfüllen. Ein Unternehmen, das *ausschließlich* am Profit interessiert ist, wird kaum schwerelos sein.

3. Ein schwereloses Unternehmen beschäftigt Mitarbeiter, die in Bezug auf den Unternehmenszweck und die Unternehmenskultur wirklich zu ihm passen und die intrinsisch motiviert zum Unternehmenserfolg beitragen.

4. Ein schwereloses Unternehmen ist offen für Neues und orientiert sich an den leichtesten und hellsten Möglichkeiten, statt sich an eingefahrene Ideen, Vorstellungen und Produkte zu klammern.

5. Ein schwereloses Unternehmen findet mit Leichtigkeit zu ihm passende neue Strukturen, Arbeitsweisen und Prozesse und setzt dabei auf das gesamte Kollektiv.

6. Vertrauen und Eigenverantwortung statt Zwang, Angst und Notwendigkeiten sind wesentliche Grundgefühle bei den Führungskräften und Mitarbeitern des Unternehmens.

7. Ein schwereloses Unternehmen hat das Wohl aller im Sinn – das eigene Wohl, das Wohl aller Mitarbeiter, aller Kunden und Lieferanten und auch der Gesellschaft und des Planeten. Denn diese positive Energie strahlt zu ihm zurück.

8. Im schwerelosen Unternehmen gehen die Tätigkeiten im Normalfall leicht von der Hand, und wenn etwas stockt, zäh wird, in Stress oder Kampf ausartet, werden gemeinsam die Ursachen dafür behoben – und zwar von innen nach außen und nicht durch hektische Aktivität im Außen.

9. In einem schwerelosen Unternehmen gibt es wenig Reibungsverluste durch Machtspielchen, fehlende Kommunikation, unzureichende Ressourcenallokation und Ähnliches.

10. In einem schwerelosen Unternehmen gibt es kaum ausartende Konflikte oder Mobbing, das Arbeitsabläufe hemmt, da diese bereits im Anfangsstadium erkannt und gemeinsam gelöst werden.

Und ja, schwerelos zu sein darf Geld bedeuten, viel Geld, eine fantastische positive Entwicklung – aber versuchen Sie das nicht zu erzwingen. Ihr Verstand kann gar nicht ermessen, was die höchsten, wunderbarsten Möglichkeiten für Ihr Unternehmen sind, denn dafür ist er viel zu begrenzt.

Die hellste, leichteste und weiteste Sicht des Unternehmens muss nicht unbedingt die sein, bei der das Unternehmen die höchsten finanziellen Gewinne einfährt. Der immaterielle Gewinn an Freude, Glück, Schönheit und Zufriedenheit bei Mitarbeitern, Kunden oder auch Lieferanten zählt genauso.

Aber natürlich geht es auch nicht ohne wirtschaftlichen Erfolg. Glückliche Mitarbeiter mit glücklichen Kunden, aber keinerlei finanziellem Ertrag bringen ein Unternehmen nicht vorwärts. Da aber glückliche Mitarbeiter immer auch kreativer, gesünder und produktiver sind, ist es viel wahrscheinlicher, dass in einem solchen Unternehmen auch „die Kasse stimmt".

Ein gesundes Unternehmen ist finanziell und wirtschaftlich kraftvoll und füllt gleichzeitig seinen Platz in der Gesellschaft. Wenn eine Balance aus immateriellen und materiellen Erfolgskriterien erreicht wird, dann – so der schöne und gleichzeitig wertvolle Nebeneffekt – erreichen Unternehmen auch das längst fällige qualitative Wachstum statt reiner quantitativer Ausdehnung.

Die Wege hin zu einem solchen Unternehmen sind so vielfältig wie die Menschen und die Unternehmen, die hier agieren. Ich hoffe, dass dieses Buch zahlreiche Anregungen dafür gibt, wie dieser Weg beschritten werden kann.

Öffnen wir uns einfach dafür, wie unsere Unternehmen noch leichter, weiter, heller und kraftvoller werden können. Gefühlt könnte das dann so aussehen:

Abb. 6: Das schwerelose Unternehmen

Fallbeispiel:

In dem Buch *Es ist alles gesagt. Jetzt braucht es Beispiele* von J. und K. Gamper[14] gibt es zahlreiche eindrucksvolle Beispiele für Unternehmen, die zumindest einige Aspekte der Schwerelosigkeit in sich vereinen. Besonders gefällt mir die Geschichte des Unternehmens *Hacker Feinmechanik*, gerade weil es ein technisches Unternehmen ist, dem man spontan vielleicht eher „mechanisches" Denken unterstellen würde.

Einige Aussagen von Karl Hacker, Gründer und Gesellschafter des Unternehmens, passen genau in das Konzept des schwerelosen Unternehmens:

„Ich übe mich darin, günstige Gelegenheiten zu erwarten und einzuladen. Aktiv. Ohne zu wissen, woher diese kommen werden; nur als offenen Raum in mir." Genau das ist in diesem Buch gemeint, wenn es heißt: Stellen Sie Fragen, ohne eine Antwort zu erwarten.

Die Frage „Was ist das Potenzial dieser Situation?", die sich Hacker immer wieder stellt, hilft dabei, frei von Konzepten Möglichkeiten zu erkennen, die zur aktuellen Lage passen.

Besonders gut gefällt mir der Punkt „fließende Planung". Hacker beschreibt dazu: „Ich bleibe dem inneren Bild verbunden und trainiere meinen Geist auf Lösungen. Meine Aufmerksamkeit ist auf Lösungen fokussiert. Das ist sehr spannend, weil dadurch das *Wie* – also *wie* wir es machen – manchmal vollkommen verblüffend auftaucht. Nicht nur als Lösung in meinem Kopf, sondern konkret durch Chancen, die sich überraschend bieten ... Wir gestalten durch Mitfließen – das ist ein zentrales Prinzip."

Genau hierhin möchte ich Sie mit diesem Buch lenken, wenn es darum geht, zu lernen, wie wichtig der Fokus unserer Aufmerksamkeit ist und wie wir diesen immer besser steuern können.

Faszinierend ist auch die Schilderung, wie die Firma 1996 aus einer schweren Krise gefunden hat, in der auf einen Schlag ein wichtiger Kunde und damit ca. 40 % des Umsatzes wegbrachen.

Der für mich wichtigste Ratschlag, den der Gründer aus seiner Erfahrung gibt, lautet: Raus aus der Negativ-Fantasie. „Ich habe verstanden, dass ich der Schöpfer meiner Gedanken bin. Und dass diese Gedanken das Muster meines Lebens sehr stark mitbestimmen. Und ich habe noch etwas ganz außerordentlich Wesentliches für mich erkannt: wie wichtig – wie zentral – Fühlen ist verbunden mit klarem Denken. Sowohl als auch."

3.2 Wie hilft „Schwerelosigkeit", aktuelle Herausforderungen zu meistern?

Vielleicht fragen Sie sich jetzt, wie denn nun diese „Schwerelosigkeit" helfen soll, die anstehenden und eingangs erwähnten, von außen kommenden Herausforderungen wie Digitalisierung, Globalisierung oder Klimaschutz zu stemmen.

Es geht hier nicht darum, Patentrezepte für diese Fragen zu liefern, sondern Sie zu befähigen, Ihr eigenes kreatives und schöpferisches Potenzial voll und ganz zu entfalten, um im richtigen Moment zu wissen, was zu tun ist.

Die Umsetzung der Vorschläge dieses Buches wird Ihnen helfen, eine positive Sichtweise auf alle Herausforderungen zu bekommen, die Ihnen und Ihrem Unternehmen widerfahren – egal welcher Art. Sie sind dadurch fähig, mehr und andere Lösungsmöglichkeiten zu finden.

Ihre Leistungsfähigkeit wird nicht durch Angst oder inneren Druck gebremst, sondern kann sich frei entfalten. Je mehr Menschen und Unternehmen mitmachen, desto eher werden wir auch kollektive Lösungen für gesellschaftliche Herausforderungen finden. Veränderungen können so mit Leichtigkeit und Freude und ohne Angst durchlebt werden.

Dieses Buch ist sozusagen die Basis im Inneren, um auch im Außen die richtigen Handlungsimpulse zu finden und zu bekommen.

Beispiel:

Es gibt bereits eine Reihe interessanter Ideen und Managementansätze, um den Herausforderungen unserer Zeit organisatorisch zu begegnen. So zeigt Frederic Laloux in seinem Buch *Reinventing Organizations* recht praxisnahe Wege zu mehr sinnstiftender Form der Zusammenarbeit auf.[8] Im Kern geht es um Selbstführung, Ganzheit (im Sinne von Wahrhaftigkeit und Authentizität im Job) und einen „evolutionären Sinn", die wir mit bekannten und neuen Methoden im Unternehmen erreichen können.

Wenn die Basis stimmt, wie sie in diesem Buch hier dargestellt wird, sprich: wenn es dem Management und den Mitarbeitern gelingt, ihre Aufmerksamkeit positiv auszurichten und sich immer mehr von einschränkenden inneren Mustern zu befreien, können neue Ansätze in Organisationen viel leichter umgesetzt werden und fallen auf fruchtbaren Boden.

Das bedeutet: Dieses Buch bietet vor allem dafür Unterstützung, wie jeder Einzelne und wir als Gesellschaft Lösungen finden können und innerlich den Herausforderungen mit Gelassenheit und Mut entgegengehen können.

Zusammenfassung von Teil 1:

- Die anstehenden Herausforderungen in Wirtschaft und Gesellschaft laden uns ein, neue Wege zu finden, um diese mit Leichtigkeit und Freude statt mit Angst und Druck zu bewältigen.

- Viele Unternehmen leiden an „Übergewicht" mit Symptomen wie Druck, Stress und geringer Effizienz.

- Glückliche, zufriedene Mitarbeiter könnten die Effizienz in Unternehmen um mindestens 30 % steigern.

- Die Kenntnis der Zusammenhänge zwischen dem Fokus unserer Aufmerksamkeit, unseren Wahrnehmungsfiltern und dem Erfolg im Außen weist Unternehmen den Weg hin zu einer natürlichen Effizienz und zu mehr Leichtigkeit.

- Es ist an der Zeit, neue, energie- und intuitionsbasierte Managementmethoden zu entwickeln und anzuwenden.

Der Weg zu wahrem Erfolg führt von innen nach außen, vom Sein zum Haben und vom Herzen jedes Mitarbeiters hin zum Kunden.

Teil 2

Grundlagen für das schwerelose Unternehmen

4 Den Zielcomputer Gehirn verstehen und besser nutzen

4.1 Die intuitive Sprache des Gehirns

Bevor wir nun einen genaueren Blick darauf werfen, was eigentlich alles Einfluss darauf hat, worauf wir unsere Aufmerksamkeit richten, ist es wichtig, unser Gehirn als unseren „Zielcomputer" richtig zu verstehen und seine Sprache kennenzulernen. Das machen wir natürlich nicht hochwissenschaftlich, sondern sehr vereinfacht und pragmatisch, soweit uns dieses Wissen weiterhilft.

Unser menschliches Gehirn entwickelte sich (stark vereinfacht) in drei Stufen:

Als Erstes entstand das sogenannte Reptiliengehirn, bestehend aus Hirnstamm und Kleinhirn, Sitz unserer Grundinstinkte und grundlegender Emotionen wie Angst und Aggression. Viele Millionen Jahre später kam mit den ersten Säugetieren ein weiteres System dazu, das Emotionalgehirn (auch limbisches System genannt). Dieser Gehirnteil entstand ergänzend zum weiterhin bestehenden Reptiliengehirn und ermöglichte sehr viel komplexere Emotionen wie Liebe, Mitgefühl und Ähnliches.

Unser menschliches Großhirn schließlich (auch Neocortex genannt) ist entwicklungsgeschichtlich noch recht jung und entwickelte sich in seiner heutigen Form erst vor ca. 200.000 Jahren. Auch als dieser Gehirnteil entstand, blieben das Reptilien- und das Emotionalgehirn weitestgehend unverändert, unser Großhirn kam also einfach als „Hochleistungscomputer" hinzu.[15]

Die (unbewusste) Kommunikation zwischen diesen drei Gehirnarealen ist für unser Leben von essenzieller Bedeutung. Leider finden jedoch insbesondere in der Kommunikation zwischen Großhirn und Emotionalgehirn aufgrund ihrer völlig unterschiedlichen Konzepte sehr häufig Missverständnisse statt, die sich bei genauerer Betrachtung als Ursache fast all unserer empfundenen Probleme entpuppen. Mehr dazu erfahren Sie im Verlauf dieses Kapitels.

Glücklicherweise gibt es jedoch eine Art „Universalsprache", einen intuitiven Symbolcode, mit dem wir Einblick in diese interne Kommunikation des Gehirns erhalten und auch aktiv darauf Einfluss nehmen können. Diese universelle Symbolik wurde von dem Mental- und Glückstrainer Bodo Deletz nach über 20-jähriger Forschungsarbeit entschlüsselt. Die Nutzung dieses Symbolcodes lässt sich von fast allen Menschen erlernen. In der Praxisübung auf Seite 30 haben Sie diesen einfachen Code bereits kurz kennengelernt.

Mit dieser „Universalsprache" des Gehirns können wir unsere Intuition bewusster anzapfen und so auch Zugriff auf unbewusste Gedanken, Gefühle und andere Muster bekommen. Dieser Vorgang findet vor allem in der rechten Gehirnhälfte statt, während die linke Gehirnhälfte eher für die logischen Prozesse zuständig ist. Daher wird manchmal auch von der Sprache der rechten Gehirnhälfte gesprochen. Diese Sprache lässt sich durch entsprechendes Training und bewusste Anwendung erlernen und so regelmäßig im Alltag nutzen.

Praxisübung:

Um den Symbolcode genauer kennenzulernen, nehmen wir uns am besten wieder ein Beispiel vor.

Denken Sie einmal an eine Situation in Ihrem Unternehmen – einen Termin, ein Projekt, irgendetwas, das Ihnen momentan wichtig ist. Nun geht es darum, vom logischen Denken („Was fällt mir dazu alles ein, das ich beachten muss?") zum intuitiven Denken zu kommen. Dazu konzentrieren wir uns auf unser Fühlen. Nehmen Sie einmal wahr, wie Sie sich fühlen, wie sich Ihr Körper anfühlt oder – wenn das möglich ist – wie sich die „Energie" des Themas für Sie anfühlt, während Sie sich darauf konzentrieren. Vielleicht können Sie sogar ein inneres Bild sehen, mit dem das Thema für Sie symbolisiert wird. Sie können beispielsweise versuchen, sich das Thema als eine Art Energiekugel vorzustellen. Ein inneres Bild ist aber nicht Voraussetzung für die Wahrnehmung der Energie.

Beantworten Sie nun wieder aus dem Bauch heraus die folgenden Fragen, die für Ihren logischen Verstand möglicherweise wenig Sinn ergeben (sie sind für Ihre Intuition gedacht):

Ist die Energie / Qualität dieses Themas eher hell oder eher dunkel? Ist sie eher leicht oder eher schwer? Ist sie eher weit oder eher eng zusammenziehend? Ist sie kraftspendend / lebendig oder eher kraftraubend / leblos? Und zieht diese Energie eher nach oben oder nach unten?

Wenn Sie diese Fragen zumindest grob beantworten konnten, dann haben Sie soeben bewusst die Sprache Ihrer Intuition wahrgenommen. Vielleicht konnten Sie sogar Unterschiede bei den einzelnen Parametern erkennen – so kann es etwa sein, dass sich ein Thema sehr schwer anfühlt, während Sie die Helligkeit eher neutral empfinden. Vielleicht konnten Sie einige Parameter auch leichter wahrnehmen als andere.

Falls Sie sich schwergetan haben, überhaupt etwas wahrzunehmen, schauen Sie sich einmal das folgende Bild an:

Abb. 7: Intuitiv wahrnehmbare Energiequalitäten (Beispiele)

Entscheiden Sie sich spontan dafür, ob Sie sich bzw. Ihr Gefühl zum jeweiligen Thema eher am unteren Ende des Bildes wiederfinden oder am oberen.

Nun bringt uns eine Sprache natürlich wenig ohne ein Wörterbuch, um sie zu verstehen. Allerdings ist es in diesem Fall recht einfach, weil diese „Universalsprache" nur fünf Parameter in verschiedenen Ausprägungen hat. Letztlich kennt die Welt der Symbolik diese Sprache schon lange, sodass es leicht ist, die fünf verschiedenen Qualitäten in ihren Ausprägungen zu verstehen:

1. Die Helligkeit

Eine dunkle bis schwarze Energie steht für Angst, Freudlosigkeit, Tristheit und Böses. Hell strahlende Energie symbolisiert Vertrauen, Freude, Gutes und Liebe.

2. Die Ausdehnung

Eng eingrenzende, stark komprimierte Energie zeigt gefühlte oder tatsächliche Zwänge, Einschränkungen und starke Notwendigkeiten. Gefühlte weit ausdehnende Energie steht für Freiheit, Beweglichkeit und viele Möglichkeiten.

3. Das Gewicht

Schwere steht dafür, dass wir Dinge als schlimm, unzumutbar, besonders schwierig oder in irgendeiner Form als Missstand wahrnehmen. Eine leichte Energie steht dagegen für empfundene Leichtigkeit, Dinge sind in Ordnung, wie sie sind, Wohlsein auf allen Ebenen.

4. Die Lebendigkeit / Kraft

Leblosigkeit steht für Mühsal, Langeweile, Angeödetsein, Energie- und Antriebslosigkeit. Lebendige, kraftvolle Energie steht für Tatkraft, Freude, Begeisterung und Motivation.

5. Die Zugrichtung

Eine Zugrichtung nach unten symbolisiert einen Abwärtstrend, der dadurch entsteht, dass Ihre Aufmerksamkeit auf etwas Negatives gerichtet ist – Sie verfolgen sogenannte „Aversionsmotive", wollen also irgendetwas Unangenehmes vermeiden oder loswerden. Wenn die Energie hingegen stark nach oben zieht, ist das ein Zeichen, dass es besser wird, Sie tatsächlich Ihre Aufmerksamkeit ins Positive richten und ein sogenanntes „Appetenzmotiv" verfolgen, also darauf ausgerichtet sind, etwas Positives zu erreichen.

Wir werden die fünf Parameter in den folgenden Abschnitten ausführlicher besprechen, wenn wir uns anschauen, welche Missverständnisse es zwischen unseren drei oben vorgestellten Gehirnarealen gibt.

Aufgabe des Großhirns ist es insbesondere, komplexe Lebensumstände zu erfassen und zu beurteilen. Unser Emotionalgehirn und das Reptiliengehirn reagieren direkt auf die Beurteilungen unseres Großhirns und erzeugen die entsprechenden Emotionen. Dabei unterscheiden sich die Beurteilungsmaßstäbe des Großhirns stark von denen des Reptiliengehirns und Emotionalgehirns.

Letzteren beiden geht es nämlich einfach nur ums Überleben. Der Maßstab hier ist also ausschließlich, ob etwas förderlich für das Überleben ist oder nicht. Unser Großhirn hat dagegen eine ganz andere Zielsetzung: Ihm ist es wichtig, dass es uns gut geht und wir glücklich sind. Aufgrund der evolutionären Entstehung unseres Gehirns kommt es hier in der Interaktion unserer Gehirnteile häufig zu Missverständnissen, die eine wichtige Ursache dafür darstellen, dass wir uns heutzutage so oft schlecht fühlen – viel schlechter, als unsere tatsächlichen Lebensumstände es eigentlich erfordern würden.

Diese Missverständnisse lassen sich sehr gut den fünf Energieparametern zuordnen:

1. Dunkelheit: Gefahrendefinitionen

2. Enge: Notwendigkeiten

3. Schwere: Missstandsbeurteilungen

4. Kraftlosigkeit: Gefühl, dass sich etwas nicht lohnt

5. Hinunterziehend: Hoffnungslosigkeit / Pessimismus und Aversionsmotive

4.2 Gefahrendefinition

Alle dunklen Energien haben mit Angst und/oder Gefahr bzw. dem Wunsch nach Gefahrenvermeidung zu tun. Sobald wir etwas als „Gefahr" einstufen (z. B. die Gefahr, Kunden zu verlieren; die Gefahr, die Marktführerschaft zu verlieren; die Gefahr, dass der Aktienkurs sinkt; die Gefahr, dass wir den Zieltermin nicht halten, und Ähnliches), zielen wir nicht mehr dahin, wo wir eigentlich hinwollen.

Haben wir Angst davor, dass bestimmte Dinge passieren oder passieren könnten, sendet das Großhirn aufgrund dieser Beurteilung das Signal „Gefahr" an das Emotionalgehirn. Dieses kann weder die Komplexität der Situation noch die Sinnhaftigkeit der Gefahrenbeurteilung überblicken, sondern versetzt uns getreu seiner Millionen Jahre alten Programmierung in einen Zustand, der geeignet ist, im wilden Dschungel bei (echter) Gefahr unser Überleben zu sichern, also z. B. zu flüchten oder zu kämpfen, aber nicht unbedingt, um einen Kunden zu gewinnen.

Abb. 8: So könnte Ihre Intuition eine Gefahrendefinition empfinden.

Beispiel:

Stellen Sie sich vor, Sie haben einen Termin bei einem wichtigen Kunden. Von diesem Deal könnte die Zukunft des Unternehmens abhängen. Wenn das Geschäft platzt, besteht Gefahr, dass Sie z. B. Mitarbeiter entlassen oder ganz schließen müssten. Mit einer solchen stark gefühlten Gefahrenbeurteilung würde Ihr Emotionalgehirn Sie in den gleichen Modus versetzen, wie es das vor Millionen von Jahren getan hätte, wenn die Gefahr eines Raubtierangriffs gedroht hätte: Es würde Sie in den Flucht-, Kampf- oder Totstellmodus versetzen. In diesem Zustand geht es ums nackte Überleben. Dabei wird leider unser Großhirn ziemlich stark heruntergefahren und dafür unser Überlebensinstinkt aktiviert. Beim Kampf und bei der Flucht müssen wir nicht denken, sondern „funktionieren". Leider ist das für Situationen wie Kundengespräche, Prüfungen u. Ä. nicht besonders förderlich. Wie kommt es beim Kunden an, wenn Sie jede Rückfrage zu Ihrem Angebot als Angriff empfinden und entsprechend aggressiv oder angespannt reagieren? Sie kennen bestimmt Situationen, wo sich Menschen verhalten wie ein Tier in einer Falle. Sicherlich können Sie sich vorstellen, dass Sie in einem solchen Zustand nicht gerade positiv auf Ihre potenziellen Kunden wirken. Hinzu kommt, dass Sie kaum in der Lage sind, klar zu denken, wenn Sie sich in einem solchen Gefahrenmodus befinden. Ihre Ausstrahlung wird – je nachdem – zu der eines ängstlichen Tieres oder der eines Tieres, das um sein Überleben kämpft.

Wenn Sie primär Gefahren vermeiden möchten, kommt noch hinzu, dass Sie Ihre gesamte Aufmerksamkeit darauf richten, alle potenziellen Gefahren zu erkennen (wie eine Gazelle, die ihre Umgebung ständig nach Löwen „scannt"). Sie werden Ihren Kunden genau beobachten, sich von jeder Mimik, die nicht helle Begeisterung ausstrahlt, verunsichern lassen und anfangen, aus dem Konzept zu kommen, nur um ja alles richtig zu machen. Ein Teufelskreis, der sich leicht vermeiden lässt, wenn man ein wenig Verständnis für das menschliche Gehirn hat!

Falls Sie häufig bei wichtigen Themen und Ereignissen Angst verspüren und sehr nervös sind, kann es als Erste-Hilfe-Maßnahme schon nützlich sein, sich immer wieder bewusst zu machen, dass hier gerade keine Lebensgefahr droht, wenn die Situation nicht so ausgeht, wie Sie sich das wünschen. Auf diese Art und Weise dauert es zwar etwas, bis diese Erkenntnis auch auf unsere Emotionen durchschlägt, aber es ist ein sehr nützliches und sofort einsetzbares Werkzeug.

4.3 Notwendigkeit

Ähnlich sieht es aus, wenn wir eine Situation als „notwendig" beurteilen. Auch das beziehen unsere beiden älteren Gehirne auf unsere Überlebenschancen und fahren uns in entsprechende emotionale Zustände, die früher in der Wildnis geeignet waren, unser Überleben zu sichern – im Geschäftsleben sind sie aber meist vollkommen fehl am Platz. Vor allem schränken Sie unsere geistigen Fähigkeiten und unsere Gesundheit massiv ein.

Denn gefühlte Notwendigkeiten sind ein massiver Stressauslöser. Da wir uns täglich mit zahllosen unechten Notwendigkeiten (unecht im Sinne einer Überlebensnotwendigkeit) umgeben, wie z. B. „Ich muss noch schnell dieses Telefonat erledigen", „Ich muss jetzt noch staubsaugen" und Ähnlichem, können diese schnell zu Dauerstress führen.

Inzwischen ist bekannt, dass Dauerstress nicht nur zu massiven gesundheitlichen Problemen führt, sondern auch die mentale Leistungsfähigkeit stark einschränken kann. Umgekehrt beweisen Wissenschaftler immer häufiger die leistungssteigernde Wirkung positiver Gefühlszustände. Schon weit vor den eingangs zitierten Ergebnissen des Harvard-Professors Achor zeigte z. B. Barbara Fredrickson in ihrem Aufsatz *What good are positive emotions?*, dass sich unsere Aufmerksamkeitsspanne, die kognitiven Fähigkeiten sowie unsere Handlungsspielräume erweitern und körperliche sowie intellektuelle Ressourcen durch positive Gefühle wie Liebe, Freude und Zufriedenheit aufgebaut werden.[16]

Freude und Spaß bei der Arbeit zu haben ist also kein Luxus oder reines „Wünsch dir was"-Szenario für Unternehmen, sondern ein wertvolles Mittel der Effizienzsteigerung!

Reflektieren Sie einmal: Wie häufig haben Sie schon Ihren Mitarbeitern erklärt, dass es absolut notwendig ist, Projekt XY termingerecht fertig zu bekommen? Wie oft haben Sie als Mitarbeiter sich selbst gesagt, dass die qualitativ hochwertige Fertigstellung einer Aufgabe absolut notwendig ist, um Ihren Status oder Ihren Job zu sichern?

Wann immer Sie eine enge Energie wahrnehmen, haben Sie es mit Notwendigkeiten zu tun. Aber auch unsere Sprache gibt hier sehr deutliche Signale, an denen Sie erkennen können, wann Sie sich selbst, Mitarbeiter oder Geschäftspartner unnötig unter Druck setzen. Ausdrücke wie „Ich muss", „dringlich", „unbedingt", „extrem wichtig", u. Ä. zeigen solche Notwendigkeiten an.

Abb. 9: So könnte Ihre Intuition Enge und Druck wahrnehmen.

Beispiel:

Wenn Sie das nächste Mal einen Abgabetermin mit einem Mitarbeiter vereinbaren, achten Sie darauf, ihn in keine Notwendigkeits-Beurteilung hineinzumanövrieren. Statt also zu sagen: „Ich brauche Ihre Zuarbeit unbedingt bis morgen Mittag", könnten Sie einfach fragen: „Meinen Sie, dass Sie diese Zuarbeit bis morgen Mittag schaffen können?" Wenn Ihr Mitarbeiter zustimmt, dann hatte er auf jeden Fall eine Wahl und empfindet keinen Notwendigkeitsdruck. Wenn er meint, dass er es nicht schaffen kann, Sie seine Zuarbeit aber unbedingt bis dahin brauchen, fragen Sie ihn, was er braucht, damit er das schafft oder bis wann er es frühestens hinbekommen kann. Kommen Sie ihm entgegen, z. B. durch Umpriorisieren. Versuchen Sie, immer etwas Puffer einzubauen, sodass Ihre Mitarbeiter etwas mehr zeitlichen Spielraum haben. Das hilft dabei, effizienter zu sein.

Wenn Sie als Mitarbeiter schon in Terminnot sind und denken: „Ich muss das bis heute Abend fertig bekommen", dann halten Sie inne. Überlegen Sie, ob Ihr Überleben davon abhängt. Was passiert schlimmstenfalls, wenn Sie es nicht schaffen? Versuchen Sie, den Druck herauszunehmen, indem Sie die gefühlte Notwendigkeit, etwas zu schaffen, in einen Wunsch umwandeln. „Es wäre toll, wenn ich das schaffe, aber wenn nicht, wird es mein Chef verstehen."

Wenn das nicht hilft, können Ihnen die intuitiven Methoden eine wertvolle Unterstützung sein, die weiter hinten in diesem Buch vorgestellt werden.

4.4 Missstandsbeurteilungen

Schwere gehört zu den energetischen Eigenschaften, die sich von den meisten Menschen besonders gut wahrnehmen lassen. Sie ist immer ein Zeichen dafür, dass wir etwas als Missstand beurteilen.

Missstände sind alle Dinge, die wir als „schlimm", „schlecht", „katastrophal", „unzumutbar" etc. bezeichnen. Diesen Hinweis greift unser Emotionalgehirn sofort auf, denn es wähnt – wie bei allen vom Großhirn übermittelten negativen Bewertungen – fälschlich unser Leben in Gefahr. In grauer Vorzeit hätte ein solcher Missstand z. B. ein undichter Unterschlupf sein können, der hätte dazu führen können, dass wir erfrieren oder krank werden, zu viele offene Stellen für mögliche Raubtierangriffe, Nahrungsmangel oder Ähnliches.

Im Unternehmen haben wir es sehr selten mit Zuständen zu tun, die unser Überleben gefährden. Dennoch wird fast in jeder Firma täglich von irgendwelchen Missständen geredet – egal ob offen oder versteckt. (Die konkreten Worte sind hier nicht so wichtig wie das, was gefühlt dahintersteckt). Es ist „schlimm", dass der Chef so wenig Zeit hat, dass der Kopierer schon wieder kaputt ist, dass die Kantine überfüllt ist … Es gäbe unendlich viele Beispiele. Solcherlei „Probleme" konnte die Evolution vor Tausenden von Jahren einfach nicht vorhersehen, daher bewertet unser Gehirn sie mit demselben System, das uns eigentlich nur motivieren sollte, echte (lebensbedrohliche) Missstände schnellstmöglich abzustellen.

Das Fatale daran ist, dass jeder erdachte und erfühlte Missstand gleich unsere volle Aufmerksamkeit auf sich zieht (denn wäre er wirklich lebensbedrohlich, wovon unser Emotionalgehirn ja ausgeht, müssten wir ihm tatsächlich höchste Priorität geben). Das heißt, unser Fokus ist nicht mehr auf das eigentliche Ziel gerichtet – z. B. ein erfolgreich abgeschlossenes Projekt –, sondern kreist die ganze Zeit um diese scheinbaren Missstände wie z. B. fehlende Ressourcen, unkooperative Partner, zu knappes Timing und vieles mehr.

Abb. 10: Schwere

Beispiel:

Ihr Projekt steht kurz vor dem Abschlusstermin. Kurzfristig werden zeitgleich zwei wichtige Mitarbeiter krank, deren Know-how Sie gerade jetzt dringend brauchen. Ziemlich sicher werden Sie als Projektleiter dies als Missstand beurteilen und fast jeder Mensch würde Ihnen zustimmen. Allerdings hilft Ihnen das überhaupt nicht weiter, denn dadurch erschweren Sie sich unnötig die Arbeit und hemmen den Ideenfluss in Ihrem Kopf. Was ist der Ausweg?

Neben der intuitiven Methode, die ich Ihnen noch vorstellen werde, können Sie sich als Allererstes davon überzeugen, dass Ihr Leben nicht in Gefahr ist. Möglicherweise ist das gar nicht so einfach, weil Sie Ihr Projekt tatsächlich gefährdet sehen. Wenn Sie sich zu sehr mit dem Projekt identifizieren und dieses unbewusst als „Ihr Baby" personifizieren, machen Sie sich damit das Leben doppelt schwer, weil Sie dann um das Leben Ihres Babys fürchten. Aber hier hilft schon, sich bewusst zu machen, dass das Projekt kein echtes Lebewesen ist und damit weder Ihnen noch dem Projekt echte Lebensgefahr droht. Klären Sie dieses Missverständnis, atmen Sie tief durch und stellen Sie dann eine offene Frage, wie z. B.: „Was braucht es, damit ich den Projekttermin noch pünktlich halten kann?" oder „Wie kann ich diese Situation jetzt bestmöglich lösen?" (denn vielleicht ist die beste Lösung auch, den Projektstart-Termin zu verschieben ...). Dann gehen Sie am besten ein paar Minuten spazieren – wenn möglich im Grünen.

Oft kommen Ihnen dabei schon die ersten Ideen. Wenn nicht, können Sie sich danach immer noch an den Schreibtisch setzen und alle Ideen aufschreiben, die Ihnen einfallen.

4.5   Es lohnt sich nicht

Wann immer sich die Energie einer Sache, die wir gerade tun oder vor uns haben, kraftlos anfühlt, etwas so richtig zäh wird wie Kaugummi und irgendwie kaum gelingen mag, kann dahinter eine Beurteilung unseres Großhirns stecken, die da lautet: „Das lohnt sich nicht." Auch diese Beurteilung bezieht das Emotionalgehirn wieder auf unser Überleben. Wenn wir etwas tun, das sich für unser Überleben nicht lohnt, dann sollen wir davon schleunigst die Finger lassen, um uns auf die Dinge zu konzentrieren, die sich für unser Überleben lohnen.

Um das zu erreichen, entzieht unser Gehirn uns für diese „nicht lohnenden" Tätigkeiten einfach die Energie (denn die war in der gefährlichen Urzeit ein wertvolles Gut, das nicht verschwendet werden durfte). Wir fangen an, uns mit dieser Tätigkeit irgendwie zu quälen. Leider kommt auch dieses Gefühl in der Praxis sehr häufig vor. Wenn solche Zustände zur Regel werden, kann dies sogar in eine Depression führen – völlige Antriebslosigkeit, weil sich scheinbar das ganze Leben nicht mehr lohnt.

Abb. 11: Kraft- und Leblosigkeit in der Sprache der Intuition (Beispiel)

Daher ist es sehr nützlich, wenn Sie Ihren Mitarbeitern immer erklären, *warum* Sie bestimmte Aufträge erledigen sollen. Sorgen Sie als Manager dafür, dass die Mitarbeiter spüren, wie sehr es sich lohnt, sich für die Tätigkeit zu engagieren – das ist eine hervorragende Motivation.

Wenn Sie selbst spüren, dass etwas zäh wird, Sie keine Ideen haben, nicht so vorankommen, wie Sie sich das denken, prüfen Sie Ihre Einstellung. Glauben Sie, dass sich das, was Sie da gerade tun, wirklich lohnt? Spüren Sie die Energie: Wenn sie so richtig kraftlos ist, kaum fühlbar, dann ist auch das ein Zeichen, dass Sie gerade glauben, etwas lohne sich nicht.

Aus diesem Thema gibt es übrigens einen sehr leichten Ausweg: Überlegen Sie einfach, warum sich diese Tätigkeit für Sie jetzt lohnt (auch wenn es vielleicht noch innere Widerstände gibt). Finden Sie mindestens drei Begründungen dafür. Diese sollten nicht an den Haaren herbeigezogen sein, aber es müssen nicht immer genau zu der Aufgabe passende Begründungen sein.

Beispiel:

Sie haben einen Auftrag, dessen Nutzen Sie anzweifeln. Der Chef ließ sich aber nicht überzeugen, dass dieser Auftrag evtl. nicht den gewünschten Erfolg bringen wird. In Ihren Augen lohnt sich das Ganze nicht. Aber es hilft nichts – wenn Sie nicht eine massive Auseinandersetzung oder gar Ihren Job riskieren wollen, sollten Sie die Sache erledigen.

Hier ein paar mögliche Begründungen, warum es sich lohnt, das Ganze schnellstens hinter sich zu bringen:

- Ihr Chef wird mit Ihnen zufrieden sein und Sie können sich etwas Anerkennung verdienen.

- Je schneller Sie es machen, desto eher haben Sie den Kopf wieder frei für andere Dinge.

- Vielleicht erkennen Sie den Nutzen ja hinterher – auch dafür kann es sich lohnen.

- Finden Sie etwas, das daran Spaß macht, probieren Sie bei der Umsetzung etwas Neues aus und machen sich die Aufgabe damit interessanter.

Wichtig ist nur eines: Liefern Sie eine überzeugende Beurteilung vom Großhirn ans Emotionalgehirn, dass sich dieser Auftrag lohnt. Dann ist der Rest ein Kinderspiel.

Hinweis: Wenn Ihnen ein Ziel als objektiv nicht lohnend erscheint und Sie auch alle Beteiligten davon überzeugen können, ist es natürlich am einfachsten und sinnvollsten, das Ziel einfach fallen zu lassen. Nur wenn das nicht geht, müssen Sie sich eine Ersatzmotivation nach dem obigen Muster erschaffen.

4.6 Die falsche Richtung bzw. die Aversionsmotivation

Sie spüren, wie die Energie so richtig nach unten zieht? Das ist ein Zeichen dafür, dass Sie das Thema, das Sie gerade betrachten, aus einer Aversion heraus angehen. Aversion bedeutet, dass Sie diese Situation oder Teilaspekte davon ablehnen oder etwas vermeiden wollen und dadurch genau dahin schauen, wo Sie nicht hinwollen.

Beispiele: Sie wollen verhindern, dass der Aktienkurs absinkt oder die Kosten steigen, oder Sie wollen einen unliebsamen Konkurrenten loswerden. All das sind sogenannte „Aversionsmotive".

Diese Art von Motiven birgt zwei Probleme in sich:

1. Wir richten mit dieser Motivation die Aufmerksamkeit immer auf das, was wir nicht wollen, und stärken es dadurch.

2. Wir starten dadurch in unserem Emotionalgehirn einen Überlebensmechanismus, da jegliche Aversion hier wiederum als lebensbedrohlich interpretiert wird.

Wir beginnen also, wie im wilden Dschungel zu agieren. Je nach Situation und Temperament erstarren wir innerlich (Totstellmodus), gehen in einen unangemessenen Kampfmodus, den dann z. B. Mitarbeiter in Gestalt eines cholerischen Chefs abbekommen, oder ergreifen die Flucht.

Selbst wenn wir noch nicht in diese Mechanismen verfallen, bleiben wir bei starken Aversionsmotiven oft im Negativen stecken. Sicherheitshalber beobachten wir alles, was uns „gefährlich" werden könnte. Statt also unseren Fokus positiv auszurichten, schauen wir die ganze Zeit auf all das, was wir vermeiden oder loswerden möchten. Das lähmt unseren kreativen Geist, mindert unsere Leistungsfähigkeit, hält uns in dem negativen Kreislauf gefangen und hemmt den natürlichen Fluss in unserem Unternehmen.

Sehr viel von unserem „alten" wirtschaftlichen Denken und Handeln ist von Aversionsmotiven getrieben – Gegeneinander, Konkurrenz, Kampf um Marktanteile und Kunden ...

Abb. 12: Sog nach unten

Die Erste-Hilfe-Maßnahme bei Aversionsmotiven besteht – im Grunde ganz einfach – darin, mit dem eigenen Fokus so umfassend wie möglich von der Aversion („weg von") auf die positiven Ziele („hin zu") umzuschwenken. Diese werden auch als „Appetenzmotive" bezeichnet (Appetenz ist in der Verhaltensforschung das Gegenteil von Aversion).

Beispiel:

In dem Ort, wo Ihr Unternehmen seine Waren verkauft, siedelt sich ein Mitbewerber an, der fast die gleiche Warenpalette anbietet. Möglicherweise wollen Sie diesen Wettbewerber möglichst schnell loswerden und entwickeln aus diesem Aversionsmotiv heraus Maßnahmen, um den Mitbewerber zu „bekämpfen" (schon unsere Sprache zeigt, dass hier irgendetwas nicht ganz stimmt.) Was auch immer Sie aus dieser Motivation heraus planen, es wird sich nicht sehr positiv auswirken. Vielleicht werden Sie eine aggressive Preispolitik starten, aber damit Ihre Gewinne schmälern. Statt also zu überlegen, wie Sie diesen Mitbewerber bekämpfen wollen, denken Sie lieber darüber nach, was Sie mit ihrem Unternehmen erreichen wollen – z. B. Ihre Marktführerschaft behalten, zufriedene Kunden, die beste Qualität am Platz oder Ähnliches. Richten Sie sich ganz bewusst immer wieder auf das aus, was Sie erreichen möchten. Überlegen Sie sogar, welche Vorteile der Mitbewerber vor Ort darstellen kann, z. B., dass die Kunden nun Ihre Angebote noch mehr zu schätzen wissen, weil sie einen Vergleich haben, und dass Kunden nun häufiger in diese Ecke kommen, weil sie aus einem größeren Angebot wählen können. Eine Straße mit zwei Schuhgeschäften lockt eher Schuhkäufer an als eine Straße, in der nur ein Schuhgeschäft ist.

Überprüfen Sie Ihren Unternehmenszweck besonders gründlich und kümmern Sie sich um die energetische Ausstrahlung Ihres Unternehmens, prüfen Sie Kooperationsmöglichkeiten u. v. m.

4.7 Fazit zu unserem Zielcomputer

Unser Gehirn hat evolutionär gesehen vor allem eine Funktion: unser Überleben zu sichern. Viele Situationen, „Probleme" oder Lebensbedingungen unserer heutigen Zeit sind jedoch so weit entfernt vom Überlebenskampf in früher Vorzeit oder im wilden Dschungel, dass es hier immer wieder zu Missverständnissen kommt und wir sehr häufig in Stress oder andere negative Emotionen geraten, ohne dass es – aus Überlebenssicht – notwendig wäre.

Aber wir haben zum Glück ein Bewusstsein, mit dem es uns gelingen kann, diese Missverständnisse immer mehr zu klären und uns aus diesen Mustern zu befreien, um von hier aus unseren Fokus immer besser positiv ausrichten zu können. Das heißt, wir sind nicht dazu verdammt, uns bis in alle Ewigkeit zu verhalten wie im wilden Dschungel!

Wie das erreicht werden kann, erfahren Sie im nächsten Kapitel.

5 Der Aufbau unserer intuitiven Wahrnehmung und der Raum voller Möglichkeiten

5.1 Der Fokus unserer Aufmerksamkeit und unsere Wahrnehmungsfilter

Wie bereits deutlich wurde, ist die Ausrichtung unserer Wahrnehmung wesentlich komplexer, als wir bisher angenommen haben. Sie lässt sich nicht allein mit unserem logischen Verstand erfassen.

Um wirklich zu erkennen, wo unsere Aufmerksamkeit gerade liegt, hilft es, unsere intuitiven Fähigkeiten zu nutzen und die Sprache der Intuition zu verstehen.

Tatsächlich lässt sich das System recht gut anhand des Blicks durch ein Fernrohr erklären, das den Fokus unserer Aufmerksamkeit symbolisiert.

Dabei gibt es zwei entscheidende Kriterien:

Das eine ist die grundsätzliche *Blickrichtung*, also: Halte ich mein Fernrohr in Richtung Boden oder in Richtung Himmel?

Das zweite sind verschiedene *Filter*. Stellen Sie sich hierfür vor, dass unser inneres Fernrohr nicht nur über einfache Farbfilter verfügt, sondern über seine Filter tatsächlich bestimmte Dinge ein- bzw. ausblenden kann. Wenn ich z. B. einen Filter in Form eines Glaubenssatzes habe, der lautet: „Ich muss hart für mein Geld arbeiten", dann kann ich alle Möglichkeiten, leicht Geld zu verdienen, gar nicht wahrnehmen – sie werden herausgefiltert!

Nach Bodo Deletz kann man vier Ebenen von Wahrnehmungsfiltern unterscheiden (eine fünfte Ebene sind die Körperenergien, die wir hier nicht direkt betrachten):

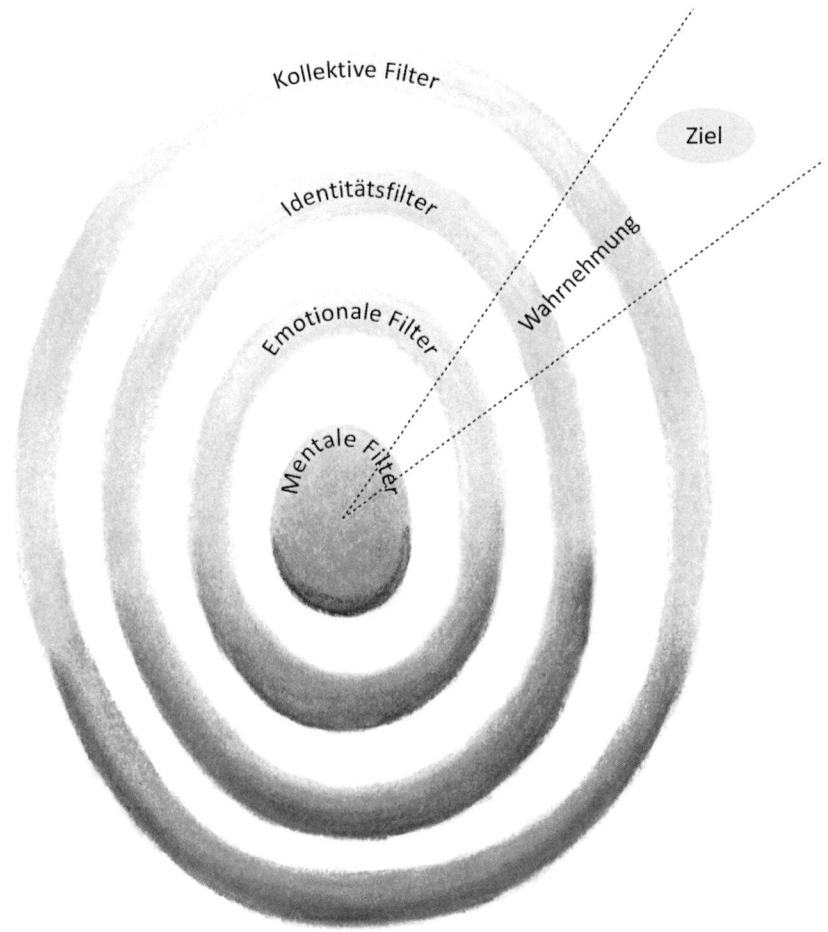

Abb. 13: Aufbau unserer intuitiven Wahrnehmung

1. **Mentale Filter** (Was denke ich?): z. B. Annahmen über die Welt, Glaubenssätze und Überzeugungen

2. **Emotionale Filter** (Was fühle ich?): z. B. emotionale Kopplungen, das gesamte Gefühlssystem

3. **Identitätsfilter** (Wer, wie, was bin ich?): alles, womit ich mich identifiziere, wo ich spüre: „Das *bin* ich."

4. **Kollektive Filter** (Wer, wie, was denken, fühlen oder sind wir als menschliche Gemeinschaft?): z. B. Überzeugungen, Annahmen über die Realität, die für das Kollektiv gelten, dem wir uns zugehörig fühlen (also z. B. auch die gesamte Belegschaft eines Unternehmens, bis hin zur ganzen Branche, zum ganzen Markt etc.)

Wir alle schauen so durch eine Art „virtuelle Brille" in die Welt. Diese steuert nicht nur unsere fünf physischen Sinne in Bezug auf unsere Wahrnehmung, sondern auch unsere energetische, intuitive Wahrnehmung. Diese ist immer aktiv, egal ob wir uns ihrer bewusst sind, oder nicht!

In jedem Leben – auch in Ihrem und auch im „Leben" Ihrer Organisation – gibt es vielfältige, nahezu unendliche Möglichkeiten. Alle diese Möglichkeiten sind als Potenzial bereits vorhanden – wir können sie uns in einem endlosen Möglichkeitsraum angeordnet vorstellen.

Unsere Wahrnehmungsfilter und unsere Blickrichtung entscheiden, welche und wie viele diese Möglichkeiten aus diesem Raum wir tatsächlich wahrnehmen können. Je breiter Ihr Blickwinkel, desto mehr Möglichkeiten sehen Sie. Je heller und durchlässiger Ihre Filter sind, desto mehr und desto hellere Möglichkeiten können Sie wahrnehmen.

All diese Filter beziehen sich natürlich auf Menschen. Aber da in einem Unternehmen oft mehr als eine Person arbeitet, entstehen hier natürlich sehr spannende Effekte für Unternehmen als Kollektive in unterschiedlichsten Größen. Diese werden zum Abschluss dieses Kapitels kurz beleuchtet.

Das Verständnis und die Fähigkeit, diese Filter zu erkennen, sind gleichzeitig auch eine wichtige Basis dafür, diese Filter zu klären, sodass unsere Wahrnehmung immer offener wird und wir immer mehr helle, leichte, kraftspendende Möglichkeiten wahrnehmen können.

Und indem wir diese Filter klären und unsere Wahrnehmung positiv ausrichten, beeinflussen wir unser Unterbewusstsein (man könnte auch sagen: unsere Intuition) in den zahlreichen alltäglichen, unbewussten Entscheidungen.

5.2 Wahrnehmungsfilter erkennen und klären

Die Qualität der oben beschriebenen Filter lässt sich auf verschiedene Weise wahrnehmen.

Bei mentalen Filtern helfen oft schon Bewusstsein und Selbstbeobachtung. Wie spreche ich, was sage ich häufig? Daraus lassen sich viele Glaubenssätze, Annahmen etc. erkennen. Diese rein mentale Erkenntnis allerdings sagt noch nichts darüber aus, wie sehr diese Filter unseren Blickwinkel einschränken. Das merken wir erst, wenn wir verschiedene Eigenschaften dazu wahrnehmen.

Die einfachste Methode, um diese Eigenschaften wahrzunehmen, ist, auf körperliche Symptome und unsere Gefühle zu achten. Diese haben meist ähnliche Qualitäten und Tendenzen, jedoch sind sie bereits eine Wirkung dieser Eigenschaften und nicht der Ursprung!

Dennoch können unsere körperlichen Gefühle ein sehr wertvoller Indikator sein, wo wir gerade stehen und welche Möglichkeiten wir gerade im Blick haben.

Am besten funktioniert die Methode, die wir bereits zum Einstieg ein paar Mal ausprobiert haben: direkt rechtshemisphärisch die Energie eines bestimmten Themas wahrzunehmen.

Gerne können Sie noch einmal die folgende Abbildung zur Hilfe nehmen, um zu schauen, welche Tendenz ein Thema bei Ihnen hat.

Abb. 14: Intuitiv wahrnehmbare Energiequalitäten (Beispiele)

Noch genauer wird es, wenn Sie die Wahrnehmung dazu spüren können, wie es im folgenden Ablauf der Methode zur Fokusoptimierung[17] beschrieben wird.

Die Methode zur Fokusoptimierung:

1. Denken Sie an ein Thema (z. B. eine Entscheidung, eine Situation oder ein wichtiges Ereignis) in Ihrer Firma, bei dem es Ihnen wichtig ist, einen möglichst positiven Fokus einzunehmen. Wenn es Ihnen leichter fällt, zu spüren, schließen Sie – vor allem am Anfang der Übung – dabei die Augen. Beantworten Sie die folgenden Fragen intuitiv aus dem Bauch heraus, wie ein Kind das tun würde. Gehen Sie das Ganze locker und spielerisch an – es reicht, wenn Sie ein ungefähres Gefühl haben.

2. Wenn Sie die Energie dieses Themas wahrnehmen könnten (so, wie es sich zurzeit darstellt – nicht, wie Sie es haben möchten!), z. B. als eine Energiewolke oder irgendein Objekt wie eine Kugel oder ein anderer Körper, wäre diese Energie dann eher hell oder eher dunkel?

3. Wäre sie eher schwer oder eher leicht? (Schauen Sie sich in Gedanken z. B. verschiedene Materialien an: Blei oder Styropor, Watte oder Beton ...)

4. Wäre die Energie weit, z. B. wie bei einem Feuerwerk, oder eingeengt?

5. Würde diese Energie eher Kraft spenden oder Kraft rauben?

6. Würde sie eher nach oben oder eher nach unten ziehen?

   Wenn Sie die Energie eher weit unten, dunkel und schwer wahrgenommen haben, entspricht dies auch Ihrem Fokus.

7. Wenn Sie (soweit es möglich war) alle fünf Eigenschaften wahrgenommen haben, können Sie sich die Frage stellen: Möchte ich diesen Fokus beibehalten und schöpfe ich damit alle meine Möglichkeiten aus? Möchte ich diese Energie so erleben? Wenn nicht, dann lassen Sie jetzt bewusst die tatsächlich wahrgenommene Energie (also die Wolke oder das wahrgenommene Objekt) in Gedanken nach oben aufsteigen und beobachten Sie, wie sie sich dabei verändert. Sollte sie sich nicht nach oben bewegen wollen, dann können Sie einmal versuchen, einzelne Parameter zu verän-

dern, also z. B. die Helligkeit, das Gewicht oder die Weite – so lange, bis Sie eine Veränderung spüren.

8. Sollte eine Veränderung überhaupt nicht möglich sein, heißt es, dies erst einmal zu akzeptieren und nicht noch mehr Aufmerksamkeit hineinzugeben. Legen Sie das Thema vorerst beiseite und wählen Sie ggf. ein neues.

9. Wenn Sie die Energie oder einzelne Parameter erfolgreich verändern konnten, suchen Sie nach Energieresten an der alten Position des Themas und lassen Sie diese ebenfalls aufsteigen (oder machen Sie sie heller, weiter, leichter) – so lange, bis Sie keine Energiereste mehr finden.

10. Erinnern Sie sich zum Abschluss an die Ausgangssituation – also an die Energie, die Sie wahrgenommen haben, auf ihrer alten Position – und werfen Sie sie mit einem „Wuuusch!" schwungvoll nach oben und genießen oben für ein paar Sekunden das schöne Gefühl. Wiederholen Sie diesen schnellen Durchlauf fünfmal! Dies ist wichtig, weil neue Erfahrungen im Unterbewusstsein erst nach mehrfacher Wiederholung als relevant verankert werden. Sofern Sie die Energie z. B. nur heller machen konnten, dann wiederholen Sie diesen Vorgang fünfmal sehr schnell.

11. Denken Sie jetzt an das Ausgangsthema – wie fühlt sich das Thema nun an? Spüren Sie eine Veränderung? Wie denken Sie jetzt darüber? Wenn Sie überhaupt keine Veränderung spüren, können Sie noch ein paar mehr Wiederholungen machen. Falls auch das nicht hilft, kann es sein, dass Sie die Energie und damit ihren Fokus nicht wirklich in Ihrem Unterbewusstsein verändert haben, sondern nur in Ihrer Fantasie. In diesem Fall legen Sie das Thema bitte noch beiseite.

Wenn Sie sich in Bezug auf das Thema besser fühlen und Ihnen neue Gedanken dazu kommen, dann haben Sie erfolgreich Ihren Fokus verändert.

Der Vorteil dieses intuitiven, gefühlten Ansatzes ist, dass wir durch die Veränderung unseres Fokus auch sehr leicht viele unserer Filter „klären" können – also schwere, dunkle Energien in helle verwandeln.

Die Auftragsliste für das Unterbewusstsein

Wenn Sie die hier vorgestellte Methode anwenden und sich Ihrer Gedanken und Gefühle bewusster werden, kann es sein, dass sich manche Themen nicht gleich bearbeiten lassen, also z. B. der Fokus sich nicht nach oben verändern lässt.

Gründe dafür könnten sein, dass Sie gerade im Moment des Wahrnehmens keine Zeit haben (weil Sie z. B. mitten in einem Meeting sitzen und dort schlecht die Augen schließen und eine Energie aufsteigen lassen können) oder weil das Thema mit der Methode der Fokusoptimierung nicht aufsteigen wollte o. Ä.

Für alle diese Fälle gibt es eine einfache Methode: Legen Sie sich (im Kopf oder auch schriftlich, wenn Ihnen das lieber ist) eine Auftragsliste für Ihr Unterbewusstsein an. Alle Themen, die Sie nicht direkt klären können, legen Sie auf dieser Liste ab und bitten Ihr Unterbewusstsein, sich der Sache anzunehmen. Kontrollieren Sie die Erledigung nicht, sondern überlassen Sie Ihrem Unterbewusstsein, wann und wie es das für Sie klärt. Nur wenn Sie etwas aus Zeitmangel dort geparkt haben, können Sie es bei passender Gelegenheit noch einmal hervorholen und direkt bearbeiten.

Mit diesem Trick ziehen Sie die Aufmerksamkeit von dem Thema ab und geben gleichzeitig das Signal, dass es geklärt werden kann, sobald die Zeit reif ist. Wann immer das Thema trotzdem in Ihr Bewusstsein drängt, verweisen Sie es freundlich auf die Liste (es sei denn, Ihnen fällt spontan ein Lösungsansatz ein, womit die Liste ihren Zweck erfüllt hat).

Falls Sie das Ganze schriftlich machen, widerstehen Sie der Versuchung, alle zwei Stunden nachzuschauen, was denn da noch mal stand und wie es jetzt wohl damit aussieht. Aber wenn Sie in ein paar Tagen oder Wochen noch einmal auf diese Liste schauen, werden Sie vielleicht erstaunt sein, was sich aus den Dingen ergeben hat. Bei Themen, die sehr dringend sind, weil sie kurzfristig geklärt oder erledigt werden müssen, können Sie sich ggf. mit anderen hier vorgestellten Werkzeugen behelfen und tiefer einsteigen, um zu erkennen, was ggf. eine Lösung blockiert. Auch Hilfe von außen kann in solchen Fällen nützlich sein.

Neben der Methode zur Fokusoptimierung bieten sich natürlich auch hier noch viele andere Möglichkeiten. Einige werden wir uns bei den entsprechenden Filtern noch genauer anschauen. Insbesondere um die mentalen Filter zu klären, gibt es sehr viele Ansätze. Diese Ebene ist gerade für den Business-Bereich besonders wichtig.

Besonders wertvoll finde ich die simple Methode, einfach offene Fragen zu stellen, ohne direkt eine Antwort zu erwarten. Fragen öffnen und helfen, mehr Möglichkeiten einzulassen. Schicken Sie die Fragen einfach in Ihr Unterbewusstsein und lassen Sie es für Sie arbeiten. Unsere Intuition kann umso besser wirken, je genauer sie weiß, wonach wir gerade suchen. Und je mehr wir uns für alle Möglichkeiten öffnen, desto mehr Raum geben wir den Lösungen. Sie können solche Fragen auch direkt mit aufnehmen, wenn Sie ein Thema auf Ihre „Auftragsliste fürs Unterbewusstsein" setzen.

Seien Sie bereit dafür, dass Lösungen sowohl von innen heraus (z. B. in Form eines plötzlichen Einfalls), als auch von außen kommen können, z. B. in Form eines unerwarteten Angebotes oder irgendeiner neuen Information, die Sie erreicht. Besonders die Antworten von außen sehen oft nach Zufall aus — und vielleicht sind sie das sogar. Aber was, wenn Sie die Chance haben, dem Zufall ein bisschen auf die Sprünge zu helfen, einfach, indem Sie Ihren Fokus bewusst ausrichten und Fragen stellen?

Praxisbeispiele:

Die Antwort im Inneren finden

Nachdem die Idee für dieses Buch geboren war, überlegte ich immer wieder, was denn ein passender Titel sein könnte. Da mir aber auf diesem Weg keine vernünftige Idee kam, setzte ich das Thema erst einmal auf meine innere „Auftragsliste" und schickte gleich noch die Frage hinterher, was denn ein guter und passender Titel für mein Buch sein könnte.

Einige Tage später war er dann plötzlich da — einfach so, ohne „Stress", ohne stundenlanges Grübeln. Die einzige Ressource, die ich dafür benötigte, war etwas Zeit.

Antworten von außen

Das folgende Beispiel stammt aus meinem Privatleben. Wir fuhren schon zum wiederholten Mal an den gleichen Urlaubsort – den Wohnsitz meiner Eltern, wunderbar am See gelegen, aber dennoch ein bisschen eintönig.

Während der langen Autofahrt stellte ich einfach so aus Spaß ein paar Fragen in den Raum: Wie kann dieser Urlaub magischer, abwechslungsreicher, irgendwie besonderer werden? So in etwa lauteten die Fragen und ich hatte wirklich keine Idee, wie das aussehen könnte.

Die Antwort kam so direkt nach unserer Ankunft, dass ich eine Weile brauchte, um sie überhaupt zu erkennen und anzunehmen. Eine Familienfreundin bekam quasi am gleichen Tag einen Bootsurlaub in der Nähe von Berlin von Ihrer Firma geschenkt, da die Geschäftsführung es zeitlich nicht schaffte, und suchte noch Mitreisende, um das Boot nicht allein fahren zu müssen.

Nachdem ich mich innerlich sortiert hatte und mein Mann sofort begeistert war, sagten wir zu und verlebten dann mit den Kindern und der ganzen Familie drei fantastische Tage auf einem wunderschönen Luxusboot, das wir uns alle zusammen so nicht geleistet hätten. Ob das nun Zufall war oder nicht, spielt letztlich keine Rolle – entscheidend ist, dass ich zeitnah eine Antwort bekommen hatte, die mir so ohne Weiteres nie eingefallen wäre.

Bei allen Arten von Glaubenssätzen ist es wichtig, uns diese bewusst zu machen. Achten Sie einfach verstärkt auf ihre Gedanken. Wie oft denken sie z. B.: „Hm, das klappt sowieso nicht", „Das kann nicht gut gehen" oder „Das kann ich sowieso nicht"? Welche Annahmen haben Sie in Bezug auf Ihre Kunden und Geschäftspartner? Je skeptischer Sie sind („Die wollen alle nur mein Geld", „Die sind knauserig", „Ich kann mich auf niemanden verlassen, nur auf mich" ...), desto mehr schränken Sie sich und Ihr Handeln ein.

Wenn wir erkannt haben, welchen Glaubenssatz oder welche Annahme wir zu einem Thema haben, können wir diese anzweifeln. Finden Sie begründete Zweifel, warum Sie nicht vollkommen sicher sein können, dass es genau so ist, wie Sie bisher glaubten.

Korrigieren Sie Ihre Gedanken immer wieder, spüren Sie aber auch, wo sich ein eigentlich positiver Gedanke trotzdem nicht gut anfühlt. Hier kann es sein, dass andere Filter (insbesondere emotionale Filter und Identitätsfilter) mit hineinspielen.

Bei allem, wo die emotionale Ebene involviert ist, geht es vor allem darum, Gefühle wahrzunehmen und wirklich zu spüren, ohne sie zu bewerten oder gleich „weghaben" zu wollen. Das klingt leicht, ist es aber für viele Menschen nicht.

Die Autorin und spirituelle Lehrerin Lola Jones nennt das „Eintauchen in Gefühle"[18]. Wenn man seine Gefühle ganz bewusst wahrnimmt, ohne dabei in die Geschichte dahinter einzusteigen, dann können sie sich lösen und oft steigt dann auch die Energie, die diesem Gefühl zugrunde liegt, mit auf.

Wenn die Gefühle zu heftig sind, dann hilft es, sich diese mit der Sprache der Intuition anzuschauen und ggf. einfach einmal bewusst „Dampf abzulassen", d. h. Energie herauszunehmen.

Stellen Sie Fragen und lassen Sie dann erst einmal los: „Warum stresst mich diese Situation so?", „Warum ärgert sie mich so, was steckt dahinter?", „Wie kann ich diesbezüglich gelassener werden?"

Erkennen Sie, dass alles einfach nur interessante Ansichten sind, die auch anders sein könnten.

Packen Sie all die Themen, die sich nicht lösen lassen, auf Ihre „Auftragsliste UB" – dann können Sie sich wieder ganz aufs Positive fokussieren und verbeißen sich nicht in den Themen.

Wenn es Ihnen schwerfällt zu fühlen, können Sie auch den kreativen Ansatz nutzen und mit Farbstiften eine kleine Skizze machen, wie sie die Situation im Augenblick empfinden. Dann schauen Sie sich an, wie das Bild auf Sie wirkt, oder Sie fragen eine Vertrauensperson, wie sie es empfindet (manchmal hilft uns ein Spiegel von außen). Damit bekommen Sie schon einmal einen guten Eindruck, wie es in Ihnen aussieht. Zum Verändern können Sie dann ein neues Bild malen, wie Sie den Zustand gerne hätten, und stellen sich dann einen Weg von dem ursprünglichen Zustand zu dem gewünschten vor. Hängen Sie sich das Wunschbild ins Büro und prüfen Sie immer wieder, wie Ihre Gefühle hierzu wirklich sind. Wählen Sie dann neu – so lange, bis sich das Thema gut anfühlt.

Im letzten Kapitel *Werkzeuge* finden Sie noch einmal übersichtlich alle Werkzeuge und auch Hinweise zu Workshops, wo Sie die Methode unter Anleitung ausprobieren und erlernen können.

Noch ein pragmatischer Tipp:

Achten Sie immer auf Worte, Gedanken und Gefühle gleichermaßen. Recht bekannte Tipps, z. B. aus der positiven Psychologie, Dinge möglichst positiv zu formulieren, bestimmte Begriffe zu vermeiden u. Ä. helfen nur bedingt, wenn die dahintersteckende „Qualität" immer noch die gleiche ist.

Wenn ich also z. B. – wie mir oft geraten wurde – das Wort „Herausforderung" benutze, statt etwas als „Problem" zu bezeichnen, sich das Ganze für mich aber genauso eng und schwer anfühlt wie vorher, ändert sich gar nichts.

Anders sieht es aus, wenn ich mir direkt vor Augen führe, wofür ich eine Lösung suche, in einem positiven Lösungsmodus bleibe und auch meine Worte entsprechend wähle. Dann richte ich die Aufmerksamkeit vom Problem weg in Richtung meines gewünschten Zielzustandes aus. Das kann durchaus helfen.

5.3   Mentale Filter

Am leichtesten lässt sich das Konzept der Wahrnehmungsfilter anhand der mentalen Filter verstehen. Sie bestehen aus sämtlichen Annahmen, Glaubenssätzen und Überzeugungen, die wir über die Welt, das Leben, unseren Job, das Unternehmen, den Markt etc. getroffen haben.

Viele dieser Annahmen haben wir unbewusst schon als Kinder übernommen oder sie sind einfach in der gesamten Gesellschaft präsent. Dazu gehören z. B. auch Sprüche wie: „Das Leben ist kein Ponyhof", „Es ist noch kein Meister vom Himmel gefallen", „Ohne Fleiß kein Preis" usw.

All diese Glaubenssätze und Annahmen beschränken die Möglichkeiten, die wir wahrnehmen, entsprechend ihrem Fokus. Je offener wir sind, desto mehr Alternativen, Dinge, Situationen, Chancen etc. können wir tatsächlich wahrnehmen, also erkennen und für möglich erachten.

Nicht umsonst sind die erfolgreichsten Menschen dieser Welt meist große Träumer und Visionäre. Sie halten einfach viel mehr für möglich als andere Menschen!

Fallbeispiel:

Als Götz Werner 1973 in Deutschland den ersten *dm*-Drogeriemarkt eröffnete, glich das einer Revolution. Früher wurde diese Art von Waren wie in einer Apotheke nur über die Ladentheke verkauft.

Das Selbstbedienungskonzept, unterstützt durch Beratung bei Bedarf, ermöglichte vollkommen neue Preisstrukturen. Die beiden Ruderpartner Götz Werner und Günter Bauer bauten schrittweise ihr Unternehmen auf und blieben dabei immer ihrer Vision treu, sich als Dienstleister für Menschen zu betrachten. Sie haben ein bestehendes Glaubensmuster durchbrochen, nach dem diese Art Waren nur für die Bedientheke geeignet sei.

Ich muss sagen, dass *dm* eines jener Geschäfte ist, die ich wirklich gerne betrete und wenn möglich den Wettbewerbern vorziehe, weil die Unternehmenskultur, der Unternehmenszweck und die gesellschaftliche Verantwortung, die das Unternehmen übernimmt, hier spürbar werden.

Viele unserer Glaubenssätze sehen wir als „bewiesen" an, weil wir sie tatsächlich so erlebt haben. Allerdings werden hier meist Ursache und Wirkung verkannt. Denn die Dinge geschehen, weil wir überzeugt sind, dass es so passiert – nicht umgekehrt! Wie Lola Jones schreibt: „Wenn du es glaubst, wird der Beweis dich finden!"[19]

Dass viele Dinge nur unsinnige Glaubenssätze sind, lässt sich auch ganz leicht erkennen. Dazu können wir nämlich die Kraft unseres *Zweifels* nutzen.

Bodo Deletz hat es mit Tausenden von Klienten gezeigt: Wenn man Sachverhalte, die keine echten Naturgesetze, sondern lediglich Glaubenssätze sind, anzweifelt, löst sich der Glaubenssatz nach und nach einfach auf. Denn der Zweifel sorgt dafür, dass wir mit unserer selektiven Wahrnehmung verstärkt auf Hinweise achten, die gegen den Glaubenssatz sprechen. Das wiederum verstärkt den Zweifel, was uns noch mehr Gegenbeweise finden lässt usw. Wir werden freier in unseren Möglichkeiten und in unserer Wahrnehmung.

Beispiele:

Manager

Stellen Sie sich vor, Sie haben einen Glaubenssatz etabliert, der besagt, dass man immer die Kontrolle behalten muss. Natürlich haben Sie auch schon jede Menge Erfahrung diesbezüglich gesammelt. Welche Möglichkeiten, glauben Sie, können Sie in Ihrem Berufsalltag wahrnehmen? Werden Sie Mitarbeiter haben, denen Sie vertrauen können, oder werden Sie immer wieder erleben, dass ohne Ihre Kontrolle gar nichts läuft?

Fragen Sie sich doch einmal, ob Sie wirklich hundertprozentig wissen können, dass Sie immer die Kontrolle haben müssen. Was könnte dafür sprechen, dass es auch anders sein könnte? Suchen Sie nach Begründungen, die Ihnen helfen, anzuzweifeln, dass die Kontrolle so wichtig ist. Bestimmt gibt es in Ihrem Leben Situationen, die ganz gut laufen, auch ohne dass Sie diese bewusst kontrollieren. Machen Sie sich diese bewusst und bringen Sie den Glaubenssatz ins Wanken. Öffnen Sie sich bewusst für Möglichkeiten, in denen Sie vertrauen können.

Mitarbeiter allgemein

Vielleicht haben Sie als Kind beobachtet, wie Ihre Eltern sich in einem ungeliebten Job abgerackert haben und das Geld oft knapp war. Möglicherweise haben Sie öfter gehört: „Von nix kommt nix." Oder auch: „Nun lieg mal nicht auf der faulen Haut rum!" Oder: „Man kann nicht immer nur tun, was einem Spaß macht." Daraus kann sich schnell ein Glaube entwickeln, der in unserer Gesellschaft weit verbreitet ist, nämlich dass man für Geld hart arbeiten muss. Spüren Sie einmal, ob das auf Sie zutrifft. Nun denken Sie nach: Welche Möglichkeiten können Sie mit einem solchen Glaubenssatz wahrnehmen? Werden es Jobmöglich-

keiten sein, bei denen Sie Ihrer Arbeit mit Leichtigkeit und Freude nachgehen und dabei auch noch gutes Geld verdienen, oder werden es eher
Möglichkeiten sein, bei denen Sie einen schwierigen, mühsamen Job
machen, um Ihr tägliches Brot zu verdienen? Und selbst wenn Sie Jobs
sehen würden, bei denen es anders ist, würden Ihnen diese vermutlich
„unseriös", „zu risikoreich", „unerreichbar" o. Ä. vorkommen.

Machen Sie sich bewusst, dass Ihre Glaubenssätze mit dafür verantwortlich sind, welche Möglichkeiten Sie in Ihrem Leben wahrnehmen
können. Vielleicht kennen Sie auch jemanden, der mit einem total leichten Job richtig viel Geld verdient? Fragen Sie ihn, ob er die gleichen
Glaubenssätze hat wie sie.

Und nun verabschieden Sie sich freundlich von diesen Glaubenssätzen.
Hierzu könnten Sie diese im ersten Schritt entkräften, indem Sie begründete Zweifel daran finden. Können Sie wirklich wissen, dass es immer harte, schwierige Arbeit sein muss, um Geld zu bekommen? Was
spricht dafür, dass es auch anders sein kann? (Denken Sie an das
Gegenbeispiel.)

Öffnen Sie sich durch Fragen: Wie kann Ihre Arbeit in Zukunft leichter
und freudvoller werden? Was braucht es, damit Sie in Zukunft mit
Leichtigkeit und Freude Geld verdienen?

Am besten funktioniert das Verändern von Glaubenssätzen mit der
Methode zur Fokusoptimierung (siehe Seite 73 und Werkzeugkapitel
am Buchende). Nehmen Sie die Energie Ihres Glaubenssatzes in ihren
fünf Parametern wahr und entscheiden Sie sich, ob Sie diese so behalten möchten. Wenn nicht, lassen Sie die Energie aufsteigen oder machen Sie sie heller, weiter, leichter oder kraftvoller und festigen Sie das
Ganze mit fünf schnellen Wiederholungen. Häufig fällt einem nach
einer solchen Übung direkt ein passenderer, positiver Glaubenssatz
ein.

Wie erkennen Sie nun Ihre mentalen Filter? Ganz einfach: Beobachten
Sie sich selbst. Vergleichen Sie Bereiche, die gut laufen, mit den ande-
ren Fällen, die weniger gut funktionieren. Achten Sie auf die kleinen
Gedanken, die Ihnen kommen. Und natürlich: Spüren Sie mithilfe Ihrer
Intuition nach und erkennen Sie, ob hier eines der Missverständnisse

zwischen den Gehirnteilen vorliegt, oder allgemein, wie sich die Energie anfühlt.

Nutzen Sie die Methode zur Fokusoptimierung, um zu prüfen, ob ein Glaubenssatz für Sie förderlich ist oder nicht. Alle Glaubenssätze, die eine dunkle, schwere, enge oder leblose Energie haben, sind wenig förderlich. Mentale Filter lassen sich meist recht leicht mit der vorgestellten Methode erkennen und ändern.

Im Teil 3 werden wir auch noch konkrete Ansatzpunkte durchgehen mit weiteren Beispielen, wie Sie Ihr Unternehmen schwereloser machen können.

5.4 Emotionale Filter

Nur wenigen Menschen ist bewusst, dass ihre Emotionen, insbesondere die sogenannten emotionalen Kopplungen (auch Konditionierungen oder Prägungen genannt), ebenfalls einen eigenen Wahrnehmungsfilter darstellen. Wenn ich z. B. vor etwas Angst habe, sehe ich meist nicht die „hellen" Möglichkeiten darin.

Häufig haben wir schon in der Kindheit an bestimmte Situationen, Schlüsselwörter oder Erfahrungen Gefühle wie Angst, Unsicherheit, Ablehnung u. Ä. gekoppelt, die sich dann immer wieder in ähnlichen Situationen zeigen. Es ist, als ob jemand einen „Knopf" drückt und wir plötzlich etwas fühlen, das eigentlich gar nicht mehr unserem aktuellen Stand der Entwicklung entspricht und unserer Situation oft nicht dienlich und angemessen ist.

Hierbei handelt es sich um ein urtümliches Lernsystem, das die Evolution schon lange vor dem Großhirn entwickelt hat. Dabei werden immer dann, wenn besonders negative (oder besonders positive) Emotionen auftreten, die zu diesem Zeitpunkt bestehenden Sinneseindrücke gespeichert und mit dieser Emotion gekoppelt. Tauchen später dann wieder ähnliche Sinneseindrücke (oder auch nur der Gedanke daran) auf, werden automatisch wieder dieselben Emotionen erzeugt. Das ist der Grund, warum z. B. bestimmte Songs im Radio bei Ihnen Glück oder Melancholie auslösen, während sie andere Menschen völlig kalt lassen. Es liegt daran, in welcher Situation Sie sie früher gehört haben.

Leider werden solche Kopplungen nicht logisch hinterfragt, und so können eigentlich harmlose Reize bei einigen Menschen Panik auslösen, weil sie als Kleinkind diesen Reiz in einer schlimmen Situation erlebt haben. Wer z. B. vom Vater verprügelt wurde, wird automatisch Angst bekommen, wenn er einen Gesichtsausdruck sieht, der an den wütenden Vater erinnert, während andere einfach nur denken würden: „Oh Mann, ist der wieder sauer heute ..."

Beispiel:

Ich habe diesbezüglich einmal eine interessante Erfahrung gemacht, als es um eine Umstrukturierung ging. Dabei hatte ich die Wahl zwischen verschiedenen neuen Jobmöglichkeiten. Eine davon fühlte sich irgendwie gar nicht gut an, obwohl sie mir vom Kopf her durchaus interessant und auch lukrativ erschien. Schließlich entdeckte ich bei mir diverse Ängste und Begrenzungen, zum Teil noch aus der Kindheit geprägt, die insbesondere mit dem Team zusammenhingen. Nachdem ich diese erkannt hatte, lösten sie sich auf und ich konnte klar spüren, was die richtige Entscheidung für mich war – nämlich genau die Alternative, die sich zuerst schlecht angefühlt hatte.

Das Beispiel zeigt auch einen wichtigen Aspekt von Emotionen. Sie können nämlich unsere Intuition verfälschen. Wie stark unsere Emotionen unser sogenanntes Bauchgefühl beeinflussen, ist bei verschiedenen Menschen unterschiedlich ausgeprägt. Am zuverlässigsten ist unsere Intuition, wenn wir emotional klar sind, also weder total euphorisch noch ängstlich, skeptisch oder irgendwie negativ belastet.

Emotionale Kopplungen sind tiefgreifende Filter, die meist mit zahlreichen mentalen Filtern zusammenhängen. Daher ist es oft nicht so einfach, diese aufzulösen. Wenn die Energie zu einem Thema sich mit der Fokusoptimierung nicht erhöhen lässt, stecken oft solche Kopplungen dahinter. Um diese aufzulösen, braucht es längerfristiges Training und eine Art „Umprogrammierung". Aber in einigen Fällen geht es auch leichter.

Der wichtigste Schritt ist das Gewahrsein. Unsere Gefühle, die wir, wenn wir ein wenig achtsam mit uns sind, leicht spüren, sind nämlich die Frühboten und zeigen uns, wo wir mit unseren Filtern stehen.

Wann immer sich eine Entscheidung oder Situation unangenehm anfühlt, lohnt es sich, hineinzuspüren, nicht zu denken, sondern sehr bewusst das Gefühl zu spüren (eintauchen in das Gefühl, ohne dabei über die Situation / das Thema nachzugrübeln).

Leider haben viele Menschen im Laufe ihres Lebens gelernt, unangenehme Gefühle zu verdrängen. Man sollte sich auch nicht hineinsteigern, sich aber wie ein neutraler Beobachter bewusst machen, was man da fühlt. Ehrlichkeit hilft – die Augen (oder das Herz) zu verschließen hilft nicht.

Beim Wahrnehmen der Gefühle kann auch das „Instrumentenbrett" nach Lola Jones (siehe Abb. 15) sehr hilfreich sein. Es zeigt, wie unsere auch körperlich spürbaren Emotionen mit den hier vorgestellten Energieparametern zusammenhängen. Gerade wenn wir die Energie nicht so klar wahrnehmen können, sind diese Emotionen ein guter Indikator, wo wir tatsächlich mit unserer Aufmerksamkeit stehen.

Es lohnt sich, auch für Themen, bei denen wir emotionale Kopplungen spüren, die Fokusoptimierung auszuprobieren. Sollte die Energie dann nicht aufsteigen oder sich keine Veränderung im Gefühl bzw. in der Wahrnehmung einstellen, lässt sich über die fünf Energieparameter (hell/dunkel, leicht/schwer, weit/eng, kraftvoll/leblos, nach oben/unten ziehend) in der Regel zumindest eine Richtung erkennen, wo die Ursache für das unangenehmen Gefühl bzw. die Kopplung liegen kann. Es lohnt sich, dem kurz nachzugehen. Wenn Sie nicht gleich eine Idee haben, können Sie eine Frage an Ihr Unterbewusstsein stellen, z. B.: „Warum fühlt sich diese Situation oder Entscheidung so unangenehm an? Was braucht es, damit ich hier klarer sehe? Was braucht es, damit ich mich in Zukunft anders entscheiden und dieses Muster loslassen kann?"

Wenn Sie eine Idee haben, wo z. B. Ängste verborgen liegen können, versuchen Sie, ein Szenario zu erstellen wie z. B.: „Wenn Geld keine Rolle spielen würde, welche Entscheidung wäre dann für mein Unternehmen / für mich die beste?"

Ekstase, Einssein, Glückseligkeit Direktes Wissen, volle Kraft, innere Freiheit, Liebe, Wertschätzung, Dankbarkeit	*Sehr hohe, unendlich weite, strahlend helle, ganz leichte und lebendig-kraftvolle Energie*
Leidenschaft, Begeisterung, Elan, Glücklichsein, Positive Erwartung, Glaube, Vertrauen, Optimismus , Zuversicht, Selbstvertrauen, Hoffnung, Möglichkeiten sehen, Neugier, Selbstbewusstsein, Interesse, Mut	*Die Energie wird weiter, heller und zieht nach oben. Hier kommen wir unseren inneren Wünschen näher.*
Zufriedenheit, Entspannung, Leere, Akzeptanz, Langeweile, Desinteresse, Loslassen	*Neutrale Energie – eine Ruhezone auf dem Weg nach oben*
Der Wendepunkt, die Energie tendiert nach oben	
Pessimismus, Aufgeben, Frustration, Ärger, Ungeduld, Überlastung, Stress, harte Arbeit, Enttäuschung, Zweifel, Verwirrung, Unsicherheit, Sorgen, negative Erwartung, Entmutigung, „Ich schaffe es nicht", Müdigkeit	*Die akzeptierte Standardenergie in vielen Unternehmen heute*
Wut	*Wut kann eine Brücke zu unserer Kraft sein.*
Rache, Hass, Rage, Neid, ungutes Verlangen, Mangel, Schuld / Beschuldigen, negative Projektion auf andere	*Nach unten ziehende, schwere und enge Energie*

Abb. 15: Das Instrumentenbrett der Gefühle (nach Lola Jones)

Machen Sie mit der Fokusoptimierung eine Simulation. Das heißt, Sie führen den Prozess nicht wirklich durch, stellen sich aber die Frage: Wie würde es sich anfühlen, wenn Sie diese Energie nach oben aufsteigen lassen? Gehen Sie ein paar Fragen durch, um zu erkennen, ob das gut für Sie wäre oder schlecht, z. B.: „Wie würde sich meine Ausstrahlung verändern, wie wäre der Einfluss auf meine Fähigkeit, eine Lösung zu finden, wie ist der Einfluss auf mein körperliches Wohlbefinden?"

Wenn es sich gut anfühlt, versuchen Sie danach, die Energie tatsächlich aufsteigen zu lassen. Und wenn das auch nicht geht, setzen Sie das Thema auf die Auftragsliste für Ihr Unterbewusstsein und beschäftigen Sie sich mit etwas anderem.

5.5 Identitätsfilter

Unsere Identitätsfilter umfassen alle Annahmen über uns selbst, mit denen wir uns wirklich identifizieren. Dabei wird „Identifikation" als ein eigenständiger, elementarer Prozess verstanden, genauso wie „Denken" und „Fühlen". Alles, wo wir wahrnehmen „Ich bin ..." (etwa: Ich bin eine Frau, ich bin Mutter, ich bin Deutscher, Vegetarier, Bayern-Fan, ein Glückspilz, ein Pechvogel ...) gehört zu unserer Identität, und ähnlich wie bei unseren Glaubenssätzen liegen hier sehr tiefe Annahmen über uns selbst vergraben, die oft unsere Wahrnehmung der Wirklichkeit stark einschränken.

Beispiel:

Auch wenn ich vielleicht einen positiven Glauben in Bezug auf das Thema „beruflicher Erfolg" habe – wenn ich mich tief in meinem Inneren als „Versager" identifiziere, bringt mir das keine spürbaren positiven Ergebnisse, denn Identitätsmuster sind mächtiger als Glaubenssätze. Solch eine Identität kann schon in Kinderjahren aufgebaut werden und wird uns dadurch oft gar nicht bewusst. Oder wir haben – unbewusst – die Rollenmuster unserer Eltern übernommen und in unserem Inneren spielen wir immer noch unseren erfolglosen Vater, obwohl wir die besten Fähigkeiten haben, beruflich wirklich erfolgreich zu sein.

Diese Rollenmuster haben besonders großen Einfluss auf unser Leben. Durch die enge Interaktion mit anderen Menschen beginnen wir von klein auf, in verschiedene Rollen zu schlüpfen. Aber häufig legen wir diese Rollen später nicht ab und irgendwann sind sie unangemessen und behindern uns im Alltag dabei, das Leben zu leben, das wir wirklich möchten, und der Mensch zu sein, der wir sein wollen.

Wann immer wir an uns Verhaltensweisen beobachten, die uns selbst nerven, die wir aber dennoch schwer abstellen können, kann es sein, dass wir in eine Rolle schlüpfen:

- die Rolle des ängstlichen kleinen Kindes,

- die Rolle der zaghaften Mutter,

- die Rolle des ehrgeizigen Vaters,

- die Rolle des zornigen Bruders

- usw.

Obwohl diese Rollenmuster oft zu komplex und zu tiefgreifend sind, um sie einfach mit der Methode der Fokusoptimierung zu bearbeiten, finde ich es wichtig, sich dessen bewusst zu sein – allein schon, weil man mit diesem Wissen im Hintergrund mit sich selbst sanfter umgehen kann und, statt sich auch noch selbst zu beschimpfen, vielleicht merkt: „Oh, da war ich wohl wieder in der Rolle meiner Mutter ..."

Wer bereit ist, hier wirklich genauer hinzuschauen, um diese Muster dauerhaft zu transformieren, dem empfehle ich auf jeden Fall ein umfangreicheres Training oder eine Unterstützung von außen.

Ansonsten zeigen sich alle diese Rollenmuster ja in konkreten Situationen. An diese können wir natürlich jederzeit anknüpfen, indem wir bewusster wählen, wie wir diese Situationen wahrnehmen möchten.

Wir können uns über einen Kollegen, der etwas zu erledigen versäumt hat, ärgern oder wir können uns bewusst dafür entscheiden, die Situation entspannt und lösungsorientiert wahrzunehmen. Wir können fluchend mit der Hupe durch die Stadt ins Büro fahren oder uns entscheiden, gelassen zu bleiben und auch in Situationen, die uns erst mal nicht gefallen, den Fokus im Positiven halten.

Die Persönlichkeitstrainerin Dagmar Lente schreibt auf Ihrer Website *www.blick-ins-licht.de* in dem Beitrag *Wir selbst und „die anderen"*:

> „Ich finde es superwichtig, dass wir uns immer wieder klarmachen, wie wir unser Außen wahrnehmen wollen und wie wir uns selbst in Bezug auf unser Außen wahrnehmen wollen. Wollen wir die Menschen, die unser Erleben mitgestalten, wirklich in irgendeiner Form abwerten? Oder uns selbst gegenüber unseren Mitmenschen? Und ist das nicht im Prinzip das Gleiche? Und macht es gute Gefühle, sich immer wieder über irgendetwas oder irgendwen aufzuregen? Auch wenn es dieses „interessante" Gefühl gibt, dass wir doch ein „Recht" darauf haben? Und was macht das mit unserer Wahrnehmung von uns selbst? Wie möchten wir uns selbst wahrnehmen? Mit welcher Wahrnehmung von uns selbst fühlen wir uns wohl?
>
> Sich darüber immer klarer zu werden und damit bewusst den Fokus zu lenken ist sooo wirkungsvoll. Denn das führt uns nach und nach zu immer helleren Möglichkeiten von uns selbst – ganz individuell und auch kollektiv."[20]

Hierbei kann uns wiederum die Methode zur Fokusoptimierung sehr gut helfen, indem wir einfach die Situation, die uns gerade nervt, ärgert oder stresst, energetisch wahrnehmen und nach Möglichkeit aufsteigen lassen oder wenigstens ein bisschen heller machen. Oft können wir dann viel gelassener damit umgehen. Denn letztlich entsteht das Schmerzhafte an einer Situation immer erst durch unsere negative Bewertung und den entsprechenden negativen Fokus.

Wenn es uns gelingt, hier immer wieder bewusst zu entscheiden, die Dinge in einem anderen Licht zu sehen und unsere Wahrnehmung möglichst positiv auszurichten, verlieren viele Muster nach und nach von ganz allein ihre Kraft über uns.

Im beruflichen Umfeld ist das Zusammenspiel zwischen den persönlichen Identifikationen und deren Interaktion im Unternehmen – bis hin zu einer „Corporate Identity" – besonders interessant. Diese Ebene betrachten wir aber erst zum Abschluss dieses Kapitels.

5.6 Kollektivfilter oder unser persönlicher Möglichkeitsraum

Als Menschen leben wir ja nicht vollkommen isoliert voneinander auf der Erde, sondern wir bilden weitestgehend eine Gemeinschaft. Dabei hat der Wahrnehmungsfokus der Menschen um uns herum einen großen Einfluss auf uns – egal, ob wir uns gerade dazugehörig fühlen oder nicht.

Es gibt den Spruch, dass die Masse „dumm" sei. Das ist natürlich ziemlicher Blödsinn. Fakt ist aber, dass wir uns gegenseitig stark beeinflussen, und wenn ein Großteil der Masse etwas „Dummes" tut, dann schließt sich oft der Rest einfach an.

Natürlich funktioniert das auch umgekehrt – das heißt, wenn ein Großteil etwas sehr Sinnvolles tut, stehen die Chancen gut, dass sich andere anschließen.

Die Kollektivenergien spielen für Unternehmen eine besonders große Rolle, weil:

- innerhalb des Unternehmens (meist) ein „Kollektiv" am Werk ist (außer bei Ein-Mann-Unternehmen),

- Unternehmen selbst wieder in einem von kollektiven Prägungen beeinflussten Umfeld wirken und

- viele Themen existenzielle Bedeutung für die Menschheit an sich haben (etwa die Versorgung mit Grundnahrungsmitteln).

Wenn also beispielsweise die Nachrichten ständig von „Wirtschaftskrise" reden oder davon, dass eine bestimmte Branche gerade am Hungertuch nage, dann werden nur die Unternehmen wirklich erfolgreich sein, denen es gelingt, aus diesem kollektiven Glauben auszusteigen.

Sofern ich mir dieses Mechanismus nicht bewusst bin, handelt mein Unterbewusstsein bei den entsprechenden Themen automatisch gemäß der Ausrichtung der Wahrnehmung des Kollektivs. Daher ist es wichtig, sich die kollektiven Energien immer wieder mit anzuschauen und sich bewusst über den „Zeitgeist" und über Negativmeldungen hinwegzusetzen.

Um wieder auf unser Bild mit den vier Wahrnehmungsfiltern zurückzukommen: Wenn wir für uns persönlich zu einem bestimmten Thema alle drei individuellen Filter geklärt haben, kann es trotzdem sein, dass z. B. kollektive Annahmen, Glaubenssätze und Ähnliches unsere Wahrnehmung auf die hellsten und leichtesten Möglichkeiten einschränken. Wie sich das auf Unternehmen als Ganzes auswirkt, werden wir im nächsten Abschnitt betrachten.

Hier gilt, ähnlich wie bei den Identitätsfiltern, dass diese Themen oft sehr komplex sind und daher nur nach ausreichendem Training verändert werden können. Aber gleichzeitig ist es gut, sich bewusst zu machen, dass wir in dieses kollektive Gewebe eingesponnen sind – egal ob wir das gerade merken oder nicht. Als Hilfsmittel können wir uns auch hier wieder auf die einzelnen Situationen konzentrieren und mithilfe der Fokusoptimierung unsere Wahrnehmung möglichst positiv ausrichten.

5.7 Unternehmensidentität und Wirtschaftskollektive

Bisher haben wir die vier Ebenen von Wahrnehmungsfiltern aus der persönlichen Perspektive eines einzelnen Menschen betrachtet.

Bei allen Unternehmen, die nicht reine Ein- oder Zwei-Mann-Betriebe sind, wird die Wirkung dieser Filter noch etwas komplexer und die Komplexität steigt sowohl mit der Anzahl an Mitarbeitern als auch mit dem Alter des Unternehmens. Warum? Viele Glaubenssätze, Muster etc. wirken auch über einen langen Zeitraum hinweg und es gibt durchaus Wechselwirkungen zwischen den kollektiven Wahrnehmungsfiltern innerhalb des Unternehmens und außerhalb.

Fallbeispiel:

Die *Deutsche Telekom* hat auch viele Jahre nach der Privatisierung in der Öffentlichkeit immer noch mit dem Ruf als schwerfälliger, bürokratischer Moloch zu kämpfen, der vielfach mit kundenunfreundlichem Verhalten assoziiert wird. Obwohl die verschiedenen Konzernführungen und das Marketing hier bereits einen großartigen Job gemacht haben, um das zu ändern, halten sich einige dieser Einschätzungen hartnäckig, und so war der Weg auch bis hierher nicht unbedingt ein leichter. Ein wesentlicher Grund dafür liegt in den intuitiv wahrnehmbaren „Energien" der verschiedenen Wahrnehmungsfilter, und zwar im Wechselspiel mit allen Marktteilnehmern, insbesondere den Kunden.

Ich möchte dieses Beispiel einmal anhand der verschiedenen Ebenen der Wahrnehmungsfilter genauer beleuchten.

Mentale Ebene

Aufgrund vergangener Erfahrungen (und letztlich natürlich auch tatsächlicher, alter Verhaltensmuster des Unternehmens) haben sich bei vielen Kunden Überzeugungen eingenistet, dass die *Telekom* ein kundenunfreundliches, bürokratisches Unternehmen sei. Auch viele Mitarbeiter haben nach der Privatisierung erst einmal noch diese Überzeugung, weil sie es vielleicht in ihrem Arbeitsalltag ähnlich empfunden haben.

Selbst wenn alle Management- und Mitarbeiterebenen diesen Glaubenssatz losgelassen haben, sind sie Teil des Kollektivs, das immer noch diesen Glauben mit sich trägt, und erst wenn es gelingt, sich auch davon zu lösen, können die Filter hierzu ganz durchlässig werden.

Dies geschieht auch tatsächlich schrittweise über einen längeren Zeitraum hinweg, denn natürlich hat sich seit der Privatisierung die Meinung der Kunden geändert, die begonnen haben, kleine Veränderungen wahrzunehmen und den verbesserten Service zu schätzen. Wenn es aber gelingt, hier die Wahrnehmung bewusst und gezielt auf allen Ebenen zu erhöhen, kann ein solcher Prozess viel schneller laufen.

Emotionale Ebene

Wenn etwas Wesentliches mit dem Telefonanschluss nicht klappt oder andere Pannen auftreten, dann werden Kunden schon mal emotional. Auch für Mitarbeiter gibt es viele Situationen, die ihre Spuren hinterlassen, z. B. wenn sie einem Kunden helfen möchten, aber interne Prozesse das nicht so möglich machen, wie sie gerne wollten. Wiederholen sich solche Situationen (es braucht dazu gar nicht viele Wiederholungen – drei bis fünf genügen) dann entstehen in unserem „Emotionalgedächtnis" sogenannte Kopplungen. Das heißt, ein Mitarbeiter koppelt z. B. Kundenanfragen an Ärger oder ein Kunde koppelt einen Anruf bei der *Telekom* an Frust.

Diese Kopplungen bleiben bestehen und wirken weiter, auch wenn inzwischen die internen Prozesse verbessert wurden und die Probleme eigentlich gar nicht mehr auftreten. Es müssen also erst wieder neue Kopplungen geschaffen oder die alten aufgelöst werden, um dauerhaft eine Wahrnehmung auf die hellen, weiten Möglichkeiten zu bekommen, die längst da sind.

Identitätsebene

Die Identitätsebene könnte sich hier ebenfalls als sehr hartnäckig herausstellen, weil diese sich nur durch eine neue, bewusste Identifikation verändern lässt. Wenn also ein Mitarbeiter eine Identitätsenergie hat: „Ich arbeite für ein kundenunfreundliches Unternehmen", dann ist dies Teil der Unternehmensidentität, die nach außen strahlt. Wenn es der Führung also nicht gelingt, die Mitarbeiter so einzubeziehen und zu überzeugen, dass diese ihre Identitätsenergien anpassen, dauert es noch länger, bis die Veränderungen am Markt spürbar werden.

Sehr interessant ist das bei Umstrukturierungen. Ich denke, dass die Nichtberücksichtigung dieser Identitätsebene ein Grund dafür ist, dass sich in vielen Unternehmen auch nach Umstrukturierungen nichts ändert oder es sogar noch schlimmer wird, weil dann plötzlich die Struktur nicht mehr zu den Identitätsenergien passt. Noch gravierender tritt die Problematik natürlich bei Firmenzusammenschlüssen und Übernahmen auf.

Kollektivebene

Wie schon angesprochen, befindet sich ein Unternehmen immer in einem Markt, der seine eigenen Wahrnehmungsfilter hat. Wenn nun am Markt grundsätzlich die Meinung herrscht, dass ein Unternehmen kundenunfreundlich ist, dann trübt dieser Filter auch die Wahrnehmung der Mitarbeiter des Unternehmens. Es ist daher wichtig, auch diese Ebene mit erneuern zu können, wenn man in einem Unternehmen neue Wege einschlagen will. Das kann z. B. über Glaubenssätze passieren oder einfach dadurch, dass man sich selbst zusammen mit diesem Kollektiv anders wahrnimmt.

Bei guter und hartnäckiger Arbeit, wie das im hier aufgeführten Beispiel durchaus der Fall war, können sich zwar mit der Zeit auch all diese Filter ändern, aber wenn man diese Zusammenhänge von Anfang an mitberücksichtigt und die Filter auch energetisch klärt, dann kann so etwas viel schneller und leichter gehen.

Wie sich das genau bewerkstelligen lässt, erfahren Sie im weiteren Verlauf des Buches.

5.8 Positiver Fokus gleich positive Realität?

Ich habe in diesem Buch bewusst an verschiedenen Stellen auch Beispiele eingefügt, die zeigen, wie sich nach einer positiven Fokusausrichtung auch die äußere Realität positiv entwickelt – z. B. indem sich eine schwierige Situation unerwartet löst, ein besonderes Angebot auftaucht, das vorher nicht absehbar war, und Ähnliches.

Skeptiker werden an dieser Stelle die Stirn runzeln, dies als bloßen Zufall abtun oder es für esoterischen Quatsch halten, hier überhaupt einen Zusammenhang herzustellen, da sich dieser natürlich nicht direkt beweisen lässt.

Warum erzähle ich solche Geschichten dann trotzdem? Weil ich es für sehr wertvoll halte, uns selbst über die eigenen Gedanken, Gefühle, das Umfeld, in dem wir uns gerade befinden, und die Ereignisse, die auftauchen, bewusst zu werden. Wir erkennen dann immer besser, wie der Fokus unserer Aufmerksamkeit sich in unserem inneren Wohlbefinden und letztlich auch im Äußeren widerspiegelt. Dadurch gewinnen wir immer mehr Vertrauen – sowohl in unsere eigene Handlungsfähigkeit als auch in das Leben selbst, können Kontrolle besser abgeben und loslassen.

Dies führt dazu, dass wir innerlich entspannter sind und unser Fokus sich leichter positiv ausrichtet. Ohne ein Betrachten der äußeren Phänomene können wir diesen Zusammenhang nur schwer erkennen, weil er wesentlich komplexer ist als z. B. auf einen Lichtschalter zu drücken und zu sehen, wann das Licht an- und wann es ausgeht. Beispiele anderer Menschen helfen hierbei genauso gut wie eigene Beispiele.

Auch unangenehme Ereignisse können dazu beitragen, solche Zusammenhänge zu erkennen – aber nur, wenn wir nicht die äußeren Umstände oder andere Menschen dafür verantwortlich machen, sondern wenn wir bereit sind, hinzuschauen. Was haben wir gedacht und gefühlt, als uns das unerwünschte Ereignis ereilt hat? Welche Ängste oder Notwendigkeiten lagen dahinter? Indem wir diese Zusammenhänge betrachten, holen wir die Verantwortung – und letztlich unsere Handlungskraft – auf positive Weise zu uns zurück und können in Zukunft neu wählen, z. B. indem wir die Fokusoptimierung nutzen.

Stellen wir diese Zusammenhänge nicht her und lehnen all diese Situationen als dummen Zufall ab oder schieben wir die Ursache für Unerwünschtes auf irgendetwas oder irgendjemanden im Außen, schlittern wir leicht in ein Gefühl der Machtlosigkeit, was unseren Fokus wiederum nach unten ausrichtet und schnell in eine negative Schleife mündet.

Umgekehrt sollten gerade die positiven Beispiele nicht dazu verleiten, dass wir unseren Fokus nur deshalb optimieren, um ein bestimmtes Ergebnis zu erreichen, ohne dass wir hierfür die eigentlichen Filter klären. Denn wenn wir stark auf ein konkretes Resultat fixiert sind, stecken dahinter oft unechte Notwendigkeiten oder Ängste, die uns den Blick auf andere Möglichkeiten verstellen, unsere Leistungsfähigkeit einschränken und somit häufig zu Problemen führen.

Eine *erfolgreiche* Fokusoptimierung führt immer dazu, dass wir innerlich entspannter mit einer Situation umgehen und damit letztlich auch einen möglicherweise „negativen" Ausgang nicht mehr vollkommen ablehnen (Aversionsmotiv). Das öffnet uns dafür – egal was im Außen geschieht –, die bestmögliche Lösung mit Leichtigkeit zu finden. Meine eigenen Erfahrungen und die Erfahrungen vieler Menschen, mit denen ich hierzu Kontakt habe, zeigen, dass es im Grunde – bei positiver Fokusausrichtung – immer (mindestens) zwei Möglichkeiten gibt: Entweder tritt tatsächlich ein erwünschtes Ereignis ein (wobei sich dieses häufig auch anders darstellt, als wir uns das vorstellen), oder eine unangenehme Situation, die trotz hohem Fokus geschieht, lässt sich mit Leichtigkeit lösen. Manchmal erkennen wir auch im Nachhinein, dass das scheinbar Negative in Wirklichkeit ein Geschenk war, weil wir dadurch z. B. einen neuen Weg beschreiten mussten, der uns guttut, oder vielleicht einem wertvollen Menschen begegnet sind.

Ich lade daher alle Skeptiker dazu ein, die hier aufgeführten Beispiele einfach mit innerer Offenheit und möglichst bewertungsfrei zu lesen. Wenn die Zweifel und kritischen Stimmen in Ihnen sehr stark sind, können Sie diesen mit einer einfachen Frage begegnen: Können Sie wirklich hundertprozentig sicher wissen, dass es keinen Zusammenhang gibt? Falls Sie sich dann noch dazu durchringen könnten, im Zweifelsfall – da es ja weder in die eine noch in die andere Richtung einen Beweis gibt – davon auszugehen, dass es tatsächlich einen positiven Zusammenhang gibt, können sie den beschriebenen positiven Nutzen für Ihr Vertrauen und ihre Fokusausrichtung ebenfalls erfahren.

Und selbst wenn Sie einem direkten Zusammenhang zwischen unserem Bewusstsein und der äußeren Realität überhaupt nicht zustimmen können: Für die Nützlichkeit der Empfehlungen aus diesem Buch ist es letztlich unerheblich, ob Sie daran glauben oder nicht. Denn ein positiver Fokus im Sinne dieses Buches wird in *jedem* Fall die Voraussetzungen dafür verbessern, dass sich die äußeren Ereignisse positiv entwickeln werden. Selbst wenn man nur ganz „konventionelle" Einflussfaktoren wie Ihre selektive Wahrnehmung, Ihre persönliche Interpretation von Ereignissen, Ihre Gesundheit, Ihre körperliche und geistige Leistungsfähigkeit, Ihren emotionalen Zustand, Ihre Mimik und Körpersprache und damit Ihre Ausstrahlung und Wirkung auf andere Menschen betrachtet, ist es offensichtlich, dass all diese Faktoren ganz erheblich von Ihrem Fokus abhängen und sich ebenso erheblich auf die äußeren Ereignisse auswirken werden.

Dies steht im Einklang mit Erkenntnissen der anerkannten Psychologie. Unsere Wahrnehmung ist hochgradig subjektiv, und der allergrößte Teil unserer Kommunikation erfolgt unbewusst und nonverbal. Beides ist entscheidend für unseren Erfolg und unser Glück, und beides hängt elementar von unserer inneren mentalen und emotionalen Einstellung ab. Und genau diese optimieren Sie mit den hier vorgeschlagenen Werkzeugen.

Zusammenfassung von Teil 2:

- Wahrnehmungsfilter auf verschiedenen Ebenen bestimmen, welche Möglichkeiten wir für uns und unser Unternehmen auswählen.

- Mentale Filter umfassen alle unsere Annahmen und Glaubenssätze.

- Emotionale Filter umfassen alle Kopplungen auf der Ebene der Gefühle sowie tief sitzende Emotionen.

- Identitätsfilter zeigen, womit wir uns wirklich identifizieren und innerhalb welcher Rollenmuster wir agieren.

- Auch auf kollektiver Ebene wirken diese drei Filter und beeinflussen unser Sein in der Interaktion.

- Wahrnehmungsfilter lassen sich mithilfe der Sprache der Intuition wahrnehmen und mit verschiedenen Methoden immer weiter klären.

- Je besser unsere Wahrnehmungsfilter geklärt sind, desto mehr können wir die hellsten, weitesten und leichtesten Möglichkeiten, die das Leben bietet, wahrnehmen und realisieren.

Die Welt liegt uns zu Füßen, wenn wir uns immer wieder auf Licht, Weite und Leichtigkeit ausrichten und erlauben, dass diese klare Energie all die dunklen Flecken in unserer Wahrnehmung auflöst.

Teil 3

Energetisch-intuitive Managementansätze für die Wandlung zum schwerelosen Unternehmen

6 Die passende Richtung einschlagen

6.1 Der Beschluss

Zu Beginn geht es erst einmal um eine Grundsatzentscheidung, den Weg in Richtung „Schwerelosigkeit" zu verfolgen. Denn solange Sie diesbezüglich noch unschlüssig „herumeiern", wird der Prozess nicht richtig in Gang kommen.

Nutzen Sie doch einfach die vorgestellte intuitive Methode, um einmal zu schauen, ob es richtig ist, diesen Weg zu gehen.

Dazu spüren Sie als Erstes nach, wie es sich anfühlt, wenn Sie weitermachen wie bisher. Ist die Energie dieses potenziellen Beschlusses hell oder dunkel, leicht oder schwer, weit oder eng, kraftvoll oder kraftlos und zieht sie nach oben oder unten?

Gehen Sie dann aus dieser Energie heraus, schütteln Sie sich kurz, gehen Sie ein paar Schritte und nehmen Sie sich dann die zweite Alternative vor: Wie fühlt es sich an, wenn Sie beschließen, den Weg des schwerelosen Unternehmens zu gehen? Ist diese Energie hell oder dunkel, leicht oder schwer, weit oder eng, kraftvoll oder kraftlos und zieht sie nach oben oder unten?

Falls sich diese zweite Entscheidung nicht gut anfühlt, könnte es auch sein, dass z. B. Ängste mit hineinspielen, denn dieser Weg bedeutet Veränderung, und Veränderungen machen vielen Menschen Angst.

Ich empfehle Ihnen in diesem Fall, hier eine Simulation zu machen. Wie *würde* sich Ihr Unternehmen entwickeln, wie *würde* es sich anfühlen, wenn Sie diesen Weg erfolgreich beschreiten, wenn Sie keine Angst vor den Veränderungen hätten – ganz theoretisch? Spüren Sie wieder die fünf Parameter durch.

Stellen Sie sich noch eine Frage: Warum lohnt es sich, mich auf den Weg zu machen? Warum *könnte* es sich lohnen? Seien Sie offen und kreativ dabei.

Ich gebe Ihnen ein paar Antworten als Anregung – sicherlich finden Sie noch mehr:

- Weil Sie dadurch mehr Freude, mehr Geld, mehr Leichtigkeit und vieles mehr in Ihrem Unternehmen kreieren können.

- Weil Sie nichts zu verlieren haben, denn viele Maßnahmen lassen sich ohne zusätzliche Investitionen oder Kosten umsetzen.

- Weil die Prinzipien einfach sind und sich leicht integrieren lassen.

- Weil Sie daraus nicht nur beruflich/unternehmerisch, sondern auch persönlich profitieren können.

- Weil Sie damit einfach mal etwas Neues probieren.

- Was fällt Ihnen noch ein, warum es sich lohnen könnte?

Und dann gehen Sie den ersten Schritt: Beschließen Sie bewusst, dass Sie Ihr Unternehmen gerne in Richtung „Schwerelosigkeit" entwickeln möchten! Jetzt gleich.

Um den Beschluss zu bestärken und einen möglichst leichten Weg zu wählen, empfehle ich Ihnen noch folgende Umsetzung mit der Methode zur Fokusoptimierung:

1. Wenn Sie den Weg hin zu einem schwerelosen Unternehmen als Energie oder Energiewolke fühlen könnten, wäre diese:

   - leicht oder schwer?

   - eng oder weit?

   - hell oder dunkel?

   - kraftlos oder lebendig?

   - aufsteigend oder absinkend?

2. Wenn Sie diese Energie gut wahrgenommen haben, lassen Sie diese jetzt aufsteigen – Sie können das mittels Ihrer Gedanken machen oder auch die Hände und Arme zur Hilfe nehmen.

3. Wenn die Energie gut aufgestiegen ist, dann erinnern Sie sich kurz an die alte Position und werfen Sie die Energiewolke schnell mit

einem „Wusch!" noch einmal nach oben – spüren Sie die leichte, helle, weite, schöne Energie oben. Wiederholen Sie das fünfmal.

4. Wenn die Energiewolke nicht aufsteigen will: Stellen Sie sich die Fragen, was es braucht, damit sie aufsteigen kann, und wiederholen Sie damit die Umsetzung. Wenn das nicht klappt, packen Sie es erst einmal auf Ihre „Auftragsliste fürs Unterbewusstsein".

Falls Sie lieber kreativ arbeiten, können Sie statt der Energiewahrnehmung (oder natürlich auch zusätzlich) ein Bild malen, wie Sie sich Ihr schwereloses Unternehmen vorstellen. Wie fühlt es sich an? Welche Energien spüren Sie? Das darf ganz abstrakt sein – in den für Sie passenden Farben und Formen ... Und wenn Sie mögen, zeichnen Sie auch den Status quo und den Weg hin zu Ihrer Wunschvorstellung.

Abb. 16: Ein leichter Weg

6.2 Die Neudefinition von Erfolg

Wenn ein Unternehmen sich Ziele setzt, neue Wege beschreitet oder ein neues Projekt startet, dann will es im Normalfall die Erfolge auch messen können, die damit einhergehen.

Die übliche Maßeinheit in der Wirtschaft ist Geld – sei es in gesparten oder verdienten Euros. Manchmal kommen noch andere Zahlen hinzu, z. B. Arbeitszeit, Anzahl der Mitarbeiter, Marktanteile, Coverage, Produktentwicklungszeiten – um nur ein paar Beispiele zu nennen. Was diese Maßeinheiten verbindet, ist, dass es sich um Zahlen handelt.

Ich möchte einmal den Vergleich mit einem Leben ziehen. Wie würden wir den Erfolg eines menschlichen Lebens messen? In den Euros, die jemand am Ende seines Lebens verdient oder noch auf dem Konto hat? In der Menge der Häuser, in denen der oder diejenige gewohnt hat? In der Anzahl an Freunden, die derjenige hatte, womöglich auf dem Niveau von Facebook–„Freundschaften"?

Wahrscheinlich lässt sich daran nicht wirklich der „Erfolg" eines Lebens messen. Ich behaupte, dass auch der Erfolg eines Unternehmens sich nicht wirklich in Zahlen messen lässt.

Warum möchte ein Mensch, der ein Unternehmen gründet, aufbaut oder sein Management übernimmt, diese Aufgabe erledigen?

Die Gründe können vielfältig sein. Einer der Gründe lautet sicherlich: Um Geld zu verdienen. Vielleicht gibt es aber auch Gründe wie z. B.: Weil ich gerne etwas erschaffe, weil ich gerne Menschen führe, weil ich Technik faszinierend finde und dazu beitragen will, diese zu verbreiten, weil ich mithelfen möchte, dass Menschen sich gesund ernähren etc.

Fragen wir weiter, warum der Mensch diese Dinge in seinem Leben haben oder tun will, kommen wir am Ende der Kette meist zu folgender Antwort: Weil es ihn/sie glücklich macht bzw. weil es dem Leben einen Sinn gibt, und dieser Sinn wiederum erfüllt uns ebenfalls mit Glück.

Diese Argumentationskette gilt nicht nur für Einzelunternehmer, sondern durchaus auch für Aktienunternehmen. Auch wenn – äußerlich betrachtet – jeder Euro, den ein Anleger in eine AG investiert, den

Zweck hat, das Geld des Anlegers zu vermehren, dient dieses Geld letztlich wieder nur dem einen Ziel: den Anleger glücklich zu machen. Letztlich ist es also das Ziel eines jeden Unternehmens, Sinn und Glück zu erschaffen!

Die Definition von Sinn und Glück ist – im Vergleich zu in Euros gemessenem Erfolg – natürlich sehr individuell, schwer messbar und schwer nachvollziehbar.

Arianna Huffington, Gründerin der *Huffington Post*, nennt in ihrem Buch *Die Neuerfindung des Erfolgs* die drei Bausteine *Weisheit*, *Staunen* und *Großzügigkeit* als wesentliche neue Erfolgsbausteine.[21] Das Buch ist absolut lesenswert, enthält aber ebenfalls keine einfach einsetzbare Messlatte für Erfolg.

Wir haben in diesem Buch bereits ausführlich die energetische Sprache unseres Gehirns kennengelernt. Wenn es um das persönliche Glück des Menschen geht, gibt es auf dieser Basis eine recht einfache Messlatte für persönliches Glück, die bei allen Menschen gleich ist[22]: Je heller, weiter, leichter, kraftspendender und stärker nach oben ziehend die Energie im Leben eines Menschen ist, desto glücklicher fühlt er sich. Je häufiger ein Mensch diese Qualitäten in seinem Leben fühlen kann, desto glücklicher ist sein Leben.

Und – Sie ahnen es: Je heller, weiter, leichter, kraftspendender die Energien eines Unternehmens sind, desto erfolgreicher ist es! Diese Energie ist der wahre Erfolg eines Unternehmens – und sie ist grenzenlos, selbst bei begrenztem Einsatz und Verbrauch von Ressourcen!

Nach dem, was Sie bisher gelesen haben, bedeutet das auch, dass hierfür die Energien aller Mitarbeiter eine Rolle spielen. Es macht natürlich nichts, wenn einmal jemand einen schlechten Tag hat. Je nach Anzahl der Mitarbeiter werden auch einzelne dunklere Energien nicht gleich den Erfolg des gesamten Unternehmens stören. Aber je mehr dieser schweren, dunklen Energien – in Gestalt der Gedanken und Gefühle von Mitarbeitern – im Unternehmen herrschen, desto mehr Einfluss haben diese auch auf den energetischen Gesamterfolg der Firma.

Das intuitiv-rechtshemisphärisch verständliche Ziel eines Unternehmers sollte daher sein, kontinuierlich die Energien seines Unternehmens (und damit auch seiner Mitarbeiter) weiter, leichter, heller und kraftspendender zu gestalten.

Es gibt hierfür kein Ende der Messlatte – heller, leichter weiter ist besser. Punkt. Das Ganze ist auch kein Ziel, das man einmal erreicht, sondern ein Weg, den das Unternehmen geht, mit zahlreichen kleinen, wunderbar leuchtenden Gipfeln, die auf dem Weg liegen.

Behalten Sie diese Erfolgsdefinition vor Augen, wenn Sie sich an die Umsetzung dieses Buches machen! Dann haben Sie automatisch eine positive Motivation und keine „Aversionsmotive". Falls Sie zwischendurch z. B. merken, dass Sie in Aversionsmotive hineinrutschen (z. B.: Ich muss diesen Weg jetzt einschlagen, damit wir unsere Kosten senken können, den Umsatz steigern oder im Wettbewerb nicht verlieren), dann machen Sie sich immer wieder bewusst, dass es im ersten Schritt nur um diese helle, leichte, weite Energie geht, die Sie sich für ihr Unternehmen wünschen. Stabiler äußerer Erfolg stellt sich immer nur als *Ergebnis* dieser Energie ein, daher sollte er nie das primäre Ziel sein.

Als Hilfestellung können Sie sich eine Skala von -10 bis +10 vorstellen und einmal intuitiv abschätzen, wo in Summe Sie im Augenblick Ihr Unternehmen sehen (im Hinblick auf eine helle, weite, leichte, kraftspendende Energie, die von Ihrer Firma ausgeht). -10 bedeutet dabei, dass Sie noch sehr viel Schwere, Enge und Dunkelheit spüren. +10 wäre das höchste derzeit für Sie vorstellbare Maß an Helligkeit, Weite, Lebendigkeit und Leichtigkeit. Die Null ist halbwegs neutral.

Wenn es Ihnen hilft, die Skala vor Augen zu haben, können Sie dafür die folgende Abbildung nutzen. Eine farbige Version liegt diesem Buch als Lesezeichen bei. Auf dessen Rückseite finden Sie auch eine Zusammenfassung der Methode zur Fokusoptimierung.

Nach ein paar Wochen oder Monaten – ganz wie Sie möchten – prüfen Sie, wo Sie rein intuitiv mit Ihrem Vorhaben gelandet sind. Wenn Sie ganz oben angekommen sind, können Sie die Skala einfach nach oben erweitern.

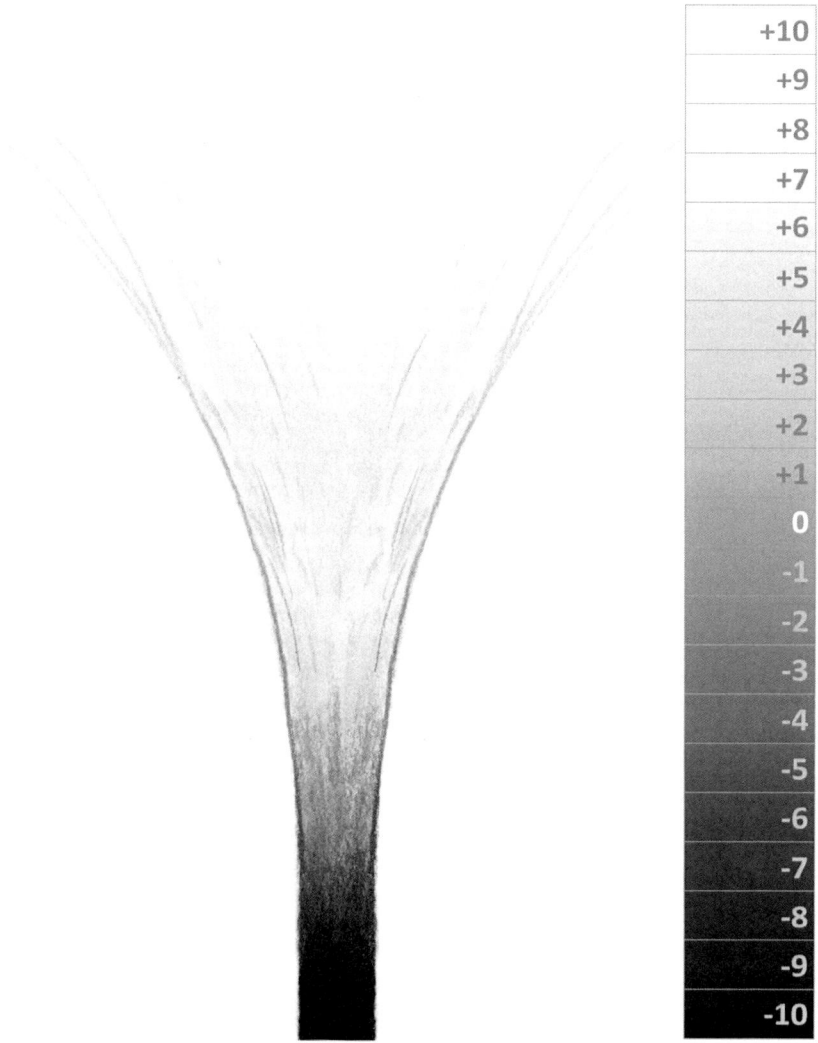

Abb. 17: Die Messlatte für den Erfolg

Vielleicht fragen Sie sich, wie denn dieser nicht monetär messbare Erfolg z. B. bei Großunternehmen auch zu den Anlegern kommen soll. Dazu habe ich folgende Ansicht:

1. Unternehmen, deren Gesamtenergie auf einem sehr hohen Niveau, also sehr hell, weit, leicht und kraftvoll ist und die ihren Fokus klar nach oben ausgerichtet haben, werden finanziell immer so gut dastehen, dass auch Anleger ihren Profit daraus ziehen.

2. Kunden spüren – und das in zunehmendem Maße – auch die energetische Wirkung eines Unternehmens, und immer mehr Kunden werden ihr Geld lieber da ausgeben, wo es sich für sie gut anfühlt, wo sie als Mensch gesehen werden und wo sie nicht das – bewusste oder unbewusste – Gefühl haben, dass ihnen nur das Geld aus der Tasche gezogen wird.

3. Diese positive Energie wird auch auf Anleger ausstrahlen. Ein Unternehmen mit einer hellen, weiten, und leichten Energie weckt Vertrauen – schwere, dunkle Energien wecken in den Menschen Urinstinkte und Gefahrenvermeidungsmuster. Ich bin überzeugt, dass helle, leichte und weite Unternehmen mehr Investoren anlocken.

4. Die Nachfrage nach alternativen Anlagemodellen wird steigen – das zeigen z. B. die Erfolge von Ökobanken und nachhaltigen Kapitalanlagen. Dort bekommen die Anleger – zum gleichen Risiko wie im klassischen Markt – auf jeden Fall eines: Sie sind Teil eines Projektes, das sich zum Ziel gemacht hat, die Welt ein bisschen menschlicher, ökologischer und besser zu machen. Auch der aktuelle Erfolg des Crowdfunding-Konzeptes zeigt, dass Menschen gerne in Projekte investieren, von denen sie überzeugt und begeistert sind – so werden auch Ideen realisierbar, die in klassischen Finanzierungsmodellen keine Chance hätten.

5. Eine Frage – deren Diskussion hier allerdings den Rahmen sprengen würde – ist, ob das klassische „Anlegermodell" denn langfristig überhaupt zeitgemäß ist. Denn wie nachhaltig arbeitende Firmen zeigen, kann es auch wesentlich sinnvoller sein, einfach klein anzufangen und die Gewinne wieder zu reinvestieren. So schafft das Unternehmen Werte und Beschäftigung und trägt zu einem ökologischen, nachhaltigen Wirtschaften bei.

Fallbeispiel: Pocheco

Für mich ein absoluter Vorreiter für ein schwereloses Unternehmen ist die französische Firma Pocheco, die auf ganzheitliche Art und Weise Briefumschläge produziert und vertreibt – und das schon seit 20 Jahren. Weltweite Bekanntheit hat das Unternehmen durch den Film *Tomorrow. Die Welt ist voller Lösungen* erreicht.

Das Handeln von Pocheco basiert nach eigenen Aussagen auf drei Eckpfeilern nachhaltiger Entwicklung:

- Reduzierung von Arbeitsrisiken und Verringerung der Beschwerlichkeit der Arbeit

- Verringerung der Umweltbelastung und Vermeidung von Umweltverschmutzung

- Verbesserung der Produktivität der Unternehmensaktivitäten

Dabei gibt Pocheco auch dem klassischen finanzkapitalistischen Ansatz einen Korb: Es gibt in diesem Unternehmen keine Dividendenausschüttungen – alle Gewinne werden wieder reinvestiert. Wie das in der Praxis aussieht, wird auf der Website des Unternehmens anhand einiger Beispiele erläutert:

„Mit dem Ziel, unser komplettes Energiebeschaffungs- und -verwendungssystem zu überarbeiten, haben wir energieverschlingendes Material ersetzt und verwenden die von unseren Maschinen abgestoßene Wärme, um unsere Hallen und Büros zu heizen (es befindet sich kein Gas mehr auf unserem Gelände).

Während der Renovierungsarbeiten unserer Firma (erbaut 1850) sind wir diesen Prinzipien gefolgt und haben unter anderem unser Dach bepflanzt. Auf diesem vereinen sich heute mehrere Technologien (Energiegewinnung durch Solarzellen, Isolation durch weitreichende Bepflanzung, Tageslichtzufuhr für unsere Produktionshallen, Klimatisierung durch Regenwasser).

Wir sind außerdem komplett autark, was unseren Wasserbedarf betrifft. Wir speichern das Regenwasser (und verwenden dieses für die Reinigung unserer Maschinen, das Anmischen unserer Tinten und die Sanitäranlagen) und wir klären unsere Abwässer anschließend selber durch ein System der Phytosanierung." [23]

Hier zeigt sich, dass mit viel Bewusstheit, innerer Offenheit und ganz-heitlichem Denken bereits wertvolle Schritte in Richtung eines schwe-relosen Unternehmens gegangen werden können, bei dem Erfolg mehr umfasst als den Return on Investment.

7   Wo und wie fange ich am besten an?

Um es gleich vorwegzunehmen: Es gibt von mir keinen Stufenplan – weder in fünf noch sieben oder hundert Stufen –, denn jedes Unternehmen ist einzigartig. Stattdessen finden Sie in den folgenden Abschnitten eine große Auswahl an Ansatzpunkten und Hinweisen, was ggf. zu beachten ist. Suchen Sie sich die für Sie stimmigen Ansätze heraus und lesen Sie immer mal wieder nach, um Ideen zu bekommen, wo Sie die Werkzeuge noch einsetzen können.

7.1   Top-down oder Bottom-up?

Ob Sie als Top-Manager, Führungskraft oder Mitarbeiter von der Idee begeistert sind und direkt zur Tat schreiten wollen, spielt für den Anfang keine Rolle. Aber natürlich funktioniert das Ganze umso besser, je mehr Menschen innerhalb des Unternehmens mitziehen, wobei der Unternehmensführung verständlicherweise eine besondere Rolle zukommt.

Wenn es beispielsweise darum geht, unsere Intuition für eine natürlichere Effizienz zu nutzen, ist die Akzeptanz auf den Führungsebenen sehr wichtig. Denn wenn der Chef für alles eine genaue Begründung und „Zahlen, Daten, Fakten" braucht, bevor er (oder sie) etwas akzeptiert, dann können die Effizienzgewinne aus der Nutzung der Intuition nur in geringem Maße einkassiert werden, denn dann müsste ein Mitarbeiter, der eine gute Bauchentscheidung fällen möchte, jedes Mal im Außen nach Argumenten suchen, warum das die beste Entscheidung ist. Nicht immer lässt sich aber eine Bauchentscheidung leicht argumentieren oder mit Fakten belegen. Dadurch entsteht dann doppelte Arbeit, und auch wenn ich am Ende vielleicht eine gute Entscheidung getroffen hab, sind durch die Suche nach Fakten wertvolle Ressourcen vergeudet worden, die gar nicht benötigt wurden.

Besonders wichtig wird die Rolle des Top-Managements als Visionsgeber. Wenn das Top-Management – sehr bildlich gesprochen – einmal den Weg in Richtung Kohlengrube weist, wird es für die Mitarbeiter sehr schwer bis unmöglich, stattdessen einen fruchtbaren, sonnigen

Hügel zu besteigen. Zum Glück ist das Top-Management selten so einseitig ausgerichtet, sodass es auch für den einzelnen Mitarbeiter zahlreiche Möglichkeiten gibt, die Tipps aus diesem Buch umzusetzen.

Meine Empfehlung: Fangen Sie einfach an, indem Sie so oft wie möglich mithilfe der Fokusoptimierung Projekte, Aufgaben, Meetings, Personen oder Situationen energetisch aufsteigen lassen. Verstärken Sie damit auch jeden Tag Dinge, die bereits gut laufen. Sammeln Sie alle Beispiele, wo Sie damit erfolgreich waren, in einem kleinen Tagebuch. Wenn Sie genügend Beispiele gesammelt haben, legen Sie Ihrem Chef das Buch auf den Tisch und zeigen Sie, was Sie persönlich bereits damit erreicht haben.

Ich kenne inzwischen viele Menschen, die auch im Berufsleben bewusst diese oder andere Methoden anwenden, um ihren Fokus positiv auszurichten.

Hier als Fallbeispiel eine beeindruckende Erfahrung einer Frau, die sie bereits am Anfang eines Webinars zur Anwendung der Fokusoptimierung (hier auch „Kugelmethode" oder „Kugeln" genannt, weil man sich die Energie oft gut als Kugel vorstellen kann) gemacht hat.

Fallbeispiel Maren S.:
Wie sich das Chaos bei einem Druckauftrag auflöst

„Ich hatte einen Satz Massenbriefe an unsere hauseigene Druckerei als Druckauftrag übersandt. Der Auftrag sollte spätestens am kommenden Freitag erledigt sein. Diese Anschreiben sollen zusammen mit einer Broschüre, die bereits gedruckt und geliefert vorliegt, versendet werden, und das möglichst noch nächste Woche.

Heute Morgen rief mich ein Mitarbeiter aus der Druckerei an und teilte mir mit, die Druckmaschine sei kaputt und er wisse nicht, wann der Techniker kommt. Vor Ende nächster Woche würde es jedenfalls nichts werden.

Dies teilte ich per E-Mail meinem Vorgesetzten mit. Er wollte gestern schon wissen, wann die Massenbriefe geliefert würden, deshalb wollte ich ihn mit dieser schlechten Nachricht nicht im Unklaren lassen. Unser Vorgesetzter ist kein Mensch, der mit uns redet. Er schrieb mir eine unfreundliche Antwort auf meine Mail, dass ich eine externe Druckerei be-

---

auftragen solle, damit diese die Briefe sofort druckt. Dann müssten wir eben die Kosten tragen.

Ich ging stinkwütend zu meiner Kollegin, weil unser Vorgesetzter mal wieder Chaos anrichtete, nur weil er keine Geduld hatte. Denn es war gar nicht wichtig, dass die Briefe sofort vorliegen, weil wir auch noch spezielle Umschläge herstellen lassen müssen, und die sind auch noch nicht fertig. Wenn wir jetzt in die Arbeitsabläufe eingreifen, entstehen noch mehr Chaos, mehr unnötige Arbeit, unnötige Kosten. Ich versuchte, meine Wut ,herunterzukugeln', was gar nicht so leicht war.

Kaum hatte ich mich wieder in der Spur, ging die Tür auf, und unser Vorgesetzter kam herein, wegen einer anderen Sache. Ich nahm mir vor, ihn auf die Massenbriefe anzusprechen, und hatte gerade eben noch Zeit, eine positive Energiekugel hochzuschieben. Da sprach er mich tatsächlich auf die Briefe an. Ich erklärte ihm, dass wir sowieso keine Zeit verlieren würden, da die Umschläge ja noch gar nicht fertig seien. Die Unterhaltung verlief glimpflich, denn normalerweise hätte er mir Vorwürfe gemacht, weil ich die Sache mit den Umschlägen angeblich zu spät auf den Weg gebracht hätte (was aber überhaupt nicht stimmte). Diese Vorwürfe blieben aus, stattdessen zog er den Auftrag an mich zurück, eine externe Druckerei mit dem Druck der Briefe zu beauftragen, und wollte sich um die Umschläge kümmern. Er wollte nachfragen, wie der Sachstand ist. Normalerweise hätte er mir dies aufgetragen und noch mehr Druck erzeugt. Nun gut, ich konnte erst mal mit meinen anderen Arbeiten fortfahren.

Eben komme ich in mein Büro zurück, nachdem ich für ein paar Minuten bei meiner Kollegin war, um etwas zu besprechen – und was sehe ich? Die Hausdruckerei hat den Druckauftrag mit den Massenbriefen erledigt! Sie haben das Unmögliche hinbekommen und die Dinger heute noch geliefert! So eine Sofortreaktion hätte ich nicht für möglich gehalten! Mein Vorgesetzter will sich immer noch selbst um die Umschläge kümmern und ich habe weder Chaos noch unnütze Mehrarbeit."

Das Beispiel zeigt, welche Wirkung die Fokusoptimierung hat: Maren gelingt es, ihre Gedanken und Gefühle positiv auszurichten. Damit legt sie eine solide Basis für das Gespräch mit dem Vorgesetzten. Prompt eskaliert die Unterredung nicht, sondern es gibt einen sachlichen Dialog. Indem die Mitarbeiterin trotz des negativen Fokus ihres Chefs (Ungeduld, Notwendigkeit, die Briefe schnellstens drucken zu lassen, egal um welchen Preis) ihre Energie immer wieder positiv ausrichtet, hilft sie indirekt dabei, dass auch ihr Chef seinen Fokus neu ausrichtet und sich auf eine andere Aufgabe konzentriert. Dass sich das Druckproblem kurz darauf einfach so löst, kann natürlich auch Zufall sein. Aber das Beispiel zeigt, dass sich bei einem positiven Fokus meist auf ganz natürliche Weise unerwartete Lösungen bieten.

Vielleicht überzeugen solche Erfolgsbeispiele auch bald den Chef, sich den neuen Ideen seiner Mitarbeiter zu öffnen. Wenn Sie glauben, dass Ihr Chef sowieso kein Buch liest, können Sie natürlich auch eine kleine Präsentation mit den wichtigsten Infos für ein Team-Meeting zusammenstellen. Oder Sie laden mich als Autorin zu einem Vortrag ein.

Auch wenn Sie als Führungskraft dieses Buch in die Finger bekommen haben und begeistert in die Tat umsetzen wollen, empfehle ich Ihnen, erst einmal selbst mit einigen der beschriebenen Werkzeuge und mit kleinen Alltagsthemen zu experimentieren, bis Sie sich sicher fühlen. Dann können Sie schrittweise Ihre Mitarbeiter mit einbeziehen. Auch hier eignet sich evtl. ein Einführungsvortrag oder Workshop gut, um das Thema einmal professionell einzuführen und auch unerwarteten Fragen begegnen zu können.

Fazit: Egal in welcher Position Sie sind – jeder kann beginnen, jetzt und heute den ersten Schritt hin zu einem schwerelosen Unternehmen zu gehen.

7.2   Der Schwerelos-Coach

Wenn Sie ernsthaft den Weg in Richtung schwereloses Unternehmen gehen möchten, empfehle ich Ihnen, einfühlsam zu prüfen, wer in Ihrem Unternehmen bereits über eine ausgeprägte intuitive Wahrnehmung verfügt. Viele Menschen behalten diese Begabungen als „privat" für sich, aus Sorge, nicht ernst genommen oder als „esoterisch" abgestempelt zu werden.

Aber ich bin sicher, dass sich in jedem größeren Unternehmen eine Menge Menschen finden, die über eine sehr ausgeprägte intuitive

Wahrnehmung verfügen und die dankbar sind, ihre Fähigkeiten einsetzen zu können.

Lassen Sie diese Mitarbeiter ggf. weiter schulen und stellen Sie sie zumindest für einige Stunden frei, um sich ganz dem Erspüren von Energien bei wichtigen Situationen und Entscheidungen zu widmen – geben Sie ihnen die Rolle eines internen Coaches. Die dadurch gewonnene natürliche Effektivität wird diesen Einsatz mehr als wettmachen.

Vielleicht sind Sie, lieber Leser oder liebe Leserin, ja selbst dieser geeignete Coach?

Wenn sie in den eigenen Reihen keine geeigneten Mitarbeiter finden, nutzen Sie entweder freiberuflich arbeitende Coaches oder stellen Sie je nach Unternehmensgröße einen oder mehrere Coaches mit hervorragend ausgeprägten intuitiven Fähigkeiten ein, um Mitarbeiter und Führungskräfte bei allen wichtigen Themen zu begleiten und zu unterstützen. Diese Investition wird sich vielfach bezahlt machen. Gerade in der Anfangsphase ist es wichtig, Menschen zu haben, die bereits über eine sehr gute intuitive Wahrnehmung verfügen, und ihnen mehr Sicherheit bei der Umsetzung der hier vorgestellten Werkzeuge zu geben.

Ich werde in den folgenden Praxisabschnitten immer wieder Situationen aufzeigen, in denen diese Coaches ideal zum Einsatz kommen können.

7.3 Rundum-Putz oder scheibchenweise?

Unternehmer machen gerne Nägel mit Köpfen und ich kann mir vorstellen, dass jeder, der jetzt ganz motiviert ans Werk geht, am liebsten den inneren Fokus dauerhaft in die Sterne ausrichten würde und alle Wahrnehmungsfilter blitzblank putzen möchte. Aber höchstwahrscheinlich wird das in dieser Form nicht gleich gelingen.

Die dargestellte Anordnung der Wahrnehmungsfilter von innen (mentale Filter) nach außen (kollektive Filter) hatte einen Grund: Die mentalen Filter sind meist leichter zu putzen als die emotionalen Kopplungen und Identitätsenergien, und am schwersten lassen sich naturgemäß kollektive Muster verändern.

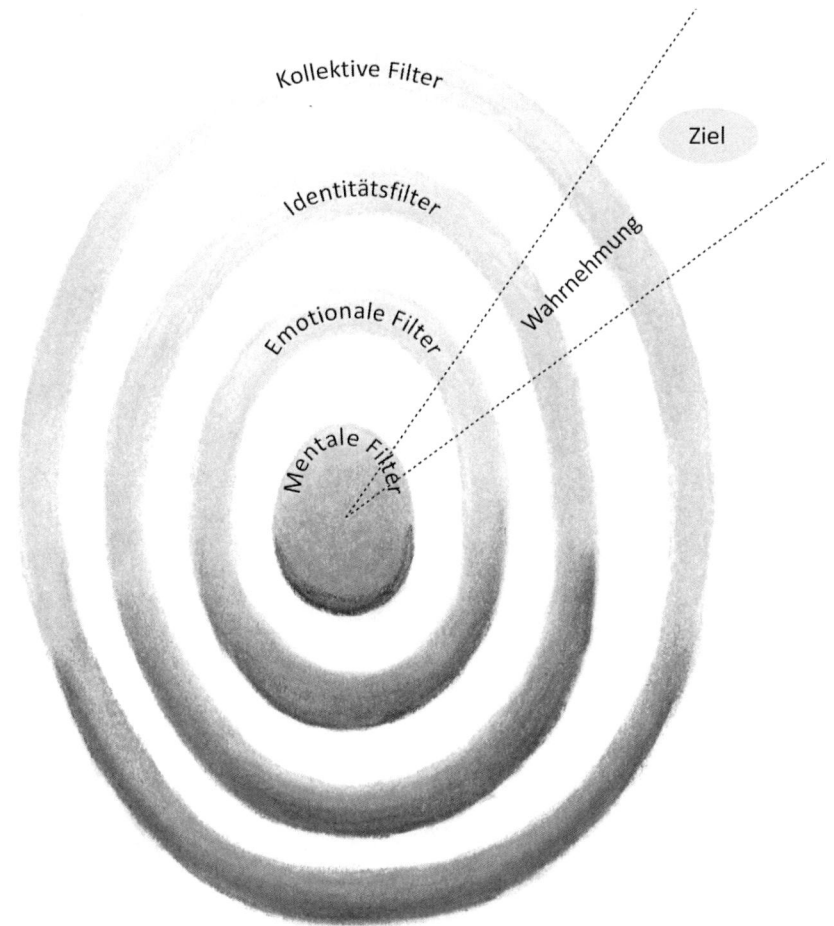

Abb. 18: Die Wahrnehmungsfilter

Das heißt, wir haben oft zu den äußeren Schichten noch gar keinen Zugang, wenn nicht die inneren halbwegs gesäubert sind.

Daher empfehle ich grundsätzlich, erst einmal die mentale Ebene zu klären und darauf verstärkt das Augenmerk zu richten. Daraufhin werden sich sicherlich auch schnell Erfolge einstellen. Wenn Ihnen dabei auch emotionale Themen oder Kopplungen vor die Füße fallen, sich also quasi aufdrängen, spricht nichts dagegen, sanft zu versuchen, sie zu erhöhen (über die Fokusoptimierung und/oder das Eintauchen in die

Gefühle). Aber wenn das nicht klappt, sollte die Aufmerksamkeit davon direkt wieder abgezogen werden (Auftragsliste fürs Unterbewusstsein). Ähnlich verhält es sich mit den Identitätsenergien.

Allerdings spricht nichts direkt dagegen, die Glaubenssätze auch aus Sicht des Unternehmenskollektivs mit zu betrachten. Dies funktioniert besonders gut, wenn das Management es schafft, überzeugende neue Glaubenssätze nach unten zu verpflanzen.

Vertrauen Sie einfach darauf, dass Ihre intuitiven Fähigkeiten sich mit der Zeit verbessern werden und Sie, wenn Sie diese einfachen Regeln beachten, immer leichter auch an tiefer liegende Themen herankommen, wenn dies denn nötig ist.

Nehmen Sie sich immer ganz kleine Pakete vor. Teilnehmer der Bodo-Deletz-Akademie berichten dabei von den größten Erfolgen im Alltag. Große Themen zerlegen Sie einfach in kleinere Aufgaben oder Situationen, für die Sie dann Ihren Fokus erhöhen.

Und noch ein wichtiger Tipp: Beginnen Sie auf keinen Fall, aktiv nach negativen Mustern (Glaubenssätzen u. Ä.) zu *suchen*, die Sie bereinigen zu müssen glauben! Denn dabei richten Sie Ihre Aufmerksamkeit wohin? Richtig: nach unten!

Stattdessen nehmen Sie sich immer nur das vor, was Ihnen vor die Füße fällt, wenn Sie im Alltag ihren Fokus positiv ausrichten.

8 Start im Unternehmensalltag

8.1 Positives wertschätzen und stärken

Obwohl der Wert des Positiven vielfach bekannt ist, konzentrieren sich viele Führungskräfte in der Praxis aufs Kritisieren und Problemelösen. Statt also das zu fördern und zu stärken, was sie sich wünschen, gießen sie – bildlich gesprochen – das Unkraut. Denn nichts anderes passiert, wenn wir unsere Aufmerksamkeit primär auf das richten, was wir nicht wollen.

Der eingangs erwähnte Harvard-Professor Achor sieht in regelmäßiger Dankbarkeit und Wertschätzung sogar den Schlüssel, um glücklich zu sein.

Wenn Sie also mehr Leichtigkeit in Ihr Unternehmen und Ihre Arbeit bringen wollen, lernen Sie als Allererstes, Positives wertzuschätzen und zu stärken.

Aber auch Dankbarkeit und Wertschätzung wollen gelernt sein! Hier ein paar Tipps, wie das gelingen kann:

1. Nehmen Sie sich die Wertschätzung bewusst vor und integrieren Sie diese in den Alltag. Zu Beginn können Sie z. B. jeden Abend schauen, was an diesem Tag gut gelaufen ist, was Ihnen an Ihrem Job gefällt, was gerade toll war. Suchen Sie alles, was wirklich schön war, aber reden sie sich nichts schöner, als es tatsächlich ist. Vielleicht gibt es Tage, an denen nur der Kaffee in der Frühstückspause gut war – dann wertschätzen sie diesen! Spüren Sie die Dankbarkeit, Freude und Wertschätzung für das, was Ihnen einfällt – haken Sie es nicht einfach nur mit dem Kopf ab! Dabei kann manchmal auch das Bewusstsein helfen, dass viele der Annehmlichkeiten, die wir im Alltag genießen, lange nicht so selbstverständlich sind, wie sie uns erscheinen. Ein Blick in andere Länder genügt oft hierzu.

2. Mist bleibt Mist – auch wenn wir ihn mit Blümchen verzieren. Akzeptieren Sie, was ist, auch wenn es Ihnen gerade nicht gefällt, und richten Sie sich auf Lösungen aus, nicht auf das Problem. Erin-

nern Sie sich an das wichtigste Ziel: eine helle, weite, leichte und kraftvolle Energie!

3. Integrieren Sie Wertschätzung für Positives auch in Meetings, Frühstückspausen oder wann immer es passt. So können Sie zu Beginn und/oder am Ende eines Meetings immer eine Runde mit positivem Feedback einläuten. Dabei wird das Negative nicht verdrängt – es bekommt nur weniger Aufmerksamkeit.

4. Erinnern Sie sich selbst daran, regelmäßig Positives zu wertschätzen und zu genießen, z. B. mit einer Erinnerung in Outlook, einem Post-it am Computer/Handy oder Ähnlichem. Wenn Sie eine elektronische Erinnerung nutzen, achten Sie darauf, dass Sie auch wirklich immer darauf reagieren – auch wenn gerade keine Zeit ist. Sie können dann ganz kurz in Gedanken schauen, was Sie gerade Positives entdecken, und das Ausführliche später machen. Ohne diese Konsequenz verläuft das Ganze meist schnell im Sande.

5. Verstärken Sie das Positive auch rechtshemisphärisch, indem Sie die Energien der Dinge, die Sie wertschätzen, noch höher aufsteigen lassen. Auch wenn Ihnen diese Methode zuerst nicht zusagt: Steigen Sie wirklich in das Gefühl ein, bleiben Sie mit ihrer Wertschätzung und Dankbarkeit nicht im Kopf hängen. Sie werden bald feststellen, dass dieses Ritual Ihr Glücksempfinden deutlich verstärken kann.

8.2 Anstehende Ereignisse, Aufgaben und Situationen positiv ausrichten und intuitiv stützen

Sie haben in den vorhergehenden Abschnitten bereits das Werkzeug „Fokusoptimierung" kennengelernt. Nutzen Sie dieses, um Ihre Wahrnehmung für alle anstehenden Ereignisse, Aufgaben, Meetings und Ähnliches positiv auszurichten.

Hierfür empfiehlt es sich, sich entweder am Abend vorher für den nächsten Tag oder sehr früh am Morgen, zu Beginn des Tages, die wichtigsten Dinge herauszugreifen und deren Energie zu erhöhen.

Die Erfahrungen zeigen, dass es für die meisten Themen eine Art „Reflexionspause" gibt, die individuell und je nach Thema sehr unterschiedlich ist. Daher empfehle ich persönlich, alle wichtigen Termine bereits am Abend vorher positiv auszurichten. Außerdem schlafen Sie dann wahrscheinlich besser.

Ein Beispiel: Sie sind Führungskraft im mittleren Management und haben für den kommenden Tag ein Teammeeting auf der Agenda, ein Gespräch mit Ihrem Vorgesetzten, und Ihr Team muss ein Konzept für ein neues Produkt fertigstellen, für das Sie als Führungskraft dann verantwortlich sind.

Alle drei Themen können Sie mithilfe Ihrer Intuition betrachten.

Greifen wir einmal den Termin mit Ihrem Chef heraus – wenn dabei mehrere Themen besprochen werden sollen, kann es sein, dass es besser ist, sich diese einzeln anzuschauen.

Gehen Sie mit dem Termin durch folgenden Umsetzungsprozess:

1. Wenn der Termin mit meinem Chef eine Art Energiewolke (oder z. B. eine Kugel) wäre, wäre diese:

   - leicht oder schwer?

   - eng oder weit?

   - hell oder dunkel?

   - kraftlos oder lebendig?

   - aufsteigend oder absinkend?

2. Wenn Sie diese Energie gut wahrgenommen haben, lassen Sie diese jetzt aufsteigen – Sie können das mittels Ihrer Gedanken machen oder auch die Hände und Arme zur Hilfe nehmen

3. Wenn die Energie gut aufgestiegen ist, dann sammeln sie ggf. noch vorhandene Energiereste an der alten Position ebenfalls ein und erhöhen Sie diese. Dann erinnern Sie sich kurz an die alte

Position und werfen Sie die Energie schnell mit einem „Wusch" noch einmal nach oben – spüren Sie die leichte, helle, weite, schöne Energie oben. Wiederholen Sie das fünfmal.

4. Wenn die Energie nicht aufsteigen will: Stellen Sie sich die Frage, was es braucht, damit sie doch aufsteigen kann, oder zerlegen Sie den Termin in verschiedene Aspekte (z. B. das Timing, falls Sie befürchten, dass der Termin sich verschiebt oder Sie nicht pünktlich sein können, die einzelnen Inhalte, die Atmosphäre oder Ähnliches) und wiederholen Sie mit diesen einzelnen Aspekten die Umsetzung. Wenn das nicht klappt, bitten Sie einfach darum, dass der Termin so hell, leicht und weit wie möglich verläuft. (Solche Bitten können Sie einfach in Gedanken in den Raum stellen oder sich damit an Ihre innere Führung, Ihre Intuition, Ihr Unterbewusstsein, das Universum, Gott, Jesus, Engel oder was auch immer sich für Sie gut anfühlt wenden.)

Gehen Sie auch die anderen Themen auf diese Weise durch. Wenn so viel ansteht, dass Sie keine Zeit haben, alles anzuschauen, wählen Sie aus, was Ihnen besonders wichtig ist.

Sie können die Fokusoptimierung auch nutzen, um Situationen, die Ihnen nicht gefallen, anders auszurichten.

Beispiel:

Conny B. fühlte sich in ihrem Job als Assistentin des Chefs häufig extrem gestresst. Tausende Erinnerungen, die in Outlook aufploppten – die meisten davon für den Chef – ließen ihr kaum Raum, um auch ihre eigenen Aufgaben zu überblicken.

Schließlich kam sie auf die Idee, die ganze Situation einmal als Kugel wahrzunehmen und aufsteigen zu lassen. Die schwere, enge Kugel verwandelte sich in eine leichte.

Schon am nächsten Tag spürte sie viel mehr Klarheit. Es gelang ihr, entspannt die Themen nacheinander abzuhaken und wieder mehr in ihre innere Ruhe zu kommen.

8.3 Ein Wort zum Erhöhen von Wünschen und Zielen

Wir alle haben Wünsche und Ziele, ganz besonders in Unternehmen. Wenn Sie mithilfe der vorgestellten Optimierungsmethode an der Realisierung Ihrer Wünsche und Ziele arbeiten wollen, achten Sie dabei unbedingt darauf, immer vom Status quo auszugehen!

Das heißt, Sie können an Ihren Wunsch oder Ihr Ziel denken und auch spüren, wie es sich anfühlen würde, wenn es erfüllt wäre. Aber bevor Sie die Energie erhöhen, schauen Sie sich unbedingt an, wie der tatsächliche Zustand dazu ist: Wie weit fühlt sich das Ziel / der Wunsch schon erfüllt an, wie ist die Qualität der Erfüllung dieses Wunsches jetzt im Augenblick? Das ist der Status quo. Dieser lässt sich auch sehr gut intuitiv erfassen.

Nachdem das Ziel oder der Wunsch als Energie im Ist-Zustand, also im Status quo wahrgenommen wurde, sollte auch nur dieser (und nicht die Wunschvorstellung) erhöht werden.

Vorgehen:

- Nehmen Sie den Status quo Ihres Wunsches war, am einfachsten wieder als Energiewolke oder Kugel. Gehen Sie die fünf Eigenschaften durch (hell/dunkel, leicht/schwer usw.).

- Dann nehmen Sie diese Energie und schieben Sie diese nach oben, machen die fünf Wiederholungen und widmen sich anderen Dingen.

Als Alternative möchte ich noch den kreativen Ansatz vorschlagen.

Beispiel: Sie möchten im nächsten Jahr den Umsatz Ihres Unternehmens erhöhen.

Nehmen Sie sich Buntstifte oder z. B. Ölkreiden, und malen sie auf ein Blatt, wie Sie zurzeit Ihren Umsatz intuitiv wahrnehmen. Dann malen Sie auf ein anderes Blatt den Umsatz, wie sie sich ihn wünschen. Wählen Sie einfach jeweils die passenden Farben und Formen aus – es darf ganz abstrakt sein, denn es geht nur um die Gesamtwirkung!

Als Letztes können Sie noch den Weg vom Jetzt zum Ziel als Verbindung malen. Wenn Sie spüren, dass sich auch dieser Weg noch schwer, eng oder dunkel anfühlt, dann malen Sie wieder zwei Bilder – den Weg, wie er sich gerade darstellt, und den Weg, wie Sie ihn gerne hätten. Stellen Sie Fragen, z. B.:

- Was braucht es, damit der Weg so leicht und hell wird, wie ich ihn gerne hätte?
- Wie können wir den leichten Weg einschlagen?
- Welche Möglichkeiten gibt es noch?

Dann entscheiden Sie sich bewusst für den neuen Weg und bitten um Unterstützung dafür.

Abb. 19: Intuitive Zeichnung eines erwünschten Ziels

8.4 Wählen statt Entscheiden

Eine der wichtigsten Aufgaben im Management ist das Fällen von Entscheidungen. In einer Studie der Metabee GmbH zu den Herausforderungen der digitalen Transformation nannten 39 % der knapp 80 befragten Top-Manager Entscheidungsfähigkeit als eine der Schlüsselkompetenzen.[24]

In den meisten größeren Unternehmen sind viele Mitarbeiter damit beschäftigt, solche Entscheidungen vorzubereiten. In mühevoller Kleinarbeit werden Managementvorlagen, Excel-Tabellen mit umfangreichem Zahlenwerk, Statistiken, Grafiken und vieles mehr erstellt.

Häufig geht es mehr darum, das Management von einer Entscheidung zu überzeugen, als wirklich eine freie Entscheidung zu fordern. Allein das Wort „Ent-Scheidung" suggeriert bereits etwas Trennendes, wenig Verbindendes und etwas Absolutes, bei dem ich irgendetwas von mir abtrenne. Ich schlage vor, den Prozess stattdessen als Auswahl zu verstehen und zu bezeichnen. Das trifft es nämlich viel besser – und erinnert Sie daran, dass Sie immer die Wahl haben und jederzeit neu wählen können.

Zwei Faktoren erschweren „korrekte" Entscheidungen im herkömmlichen Sinne:

- die wachsende Komplexität in fast allen geschäftlichen Fragen und

- die hohe Unsicherheit, mit der die meisten Entscheidungen behaftet sind.

Oft kann schon eine einzige geänderte Variable ausschlaggebend sein, ob Alternative A oder B „richtig" ist.

Je größer die Komplexität und die Unsicherheit, desto schwieriger wird eine „korrekte" Entscheidung. Meist geht es ohnehin nur um die bestmögliche Wahl zu einem bestimmten Zeitpunkt. Aber auch diese ist für unseren logischen Verstand mit seiner begrenzten, eher linear denkenden Arbeitsweise äußerst schwierig.

Warum nutzen wir nicht auch im geschäftlichen Alltag viel mehr unsere intuitiven Fähigkeiten?

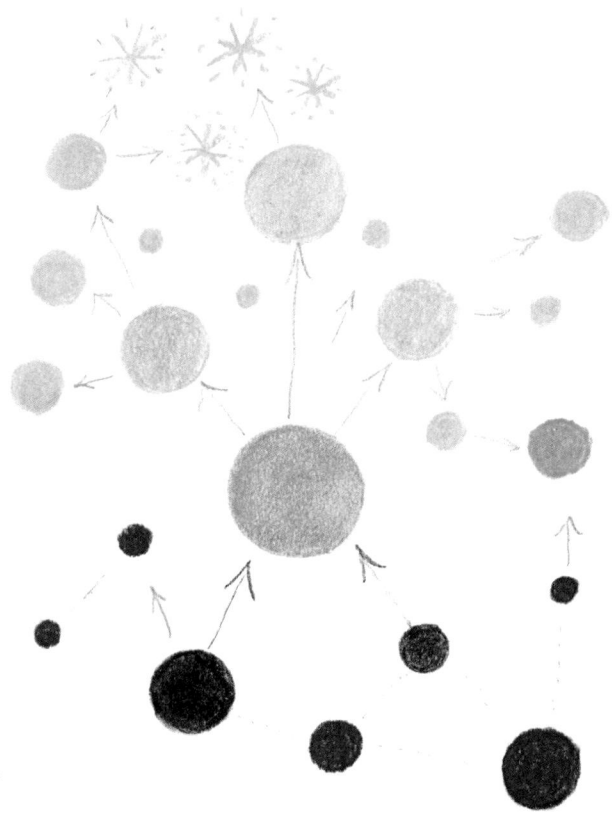

Abb. 20: Komplexität einer Entscheidung

Um unsere intuitiven Fähigkeiten für Entscheidungen zu nutzen, gibt es zwei wichtige Voraussetzungen: echte Offenheit für alle Möglichkeiten und emotionale Klarheit.

1. Wir sollten unser Bewusstsein erweitern und uns innerlich von begrenzenden Mustern (Wahrnehmungsfiltern) befreien, denn sonst können wir auch mit unserer Intuition nur in begrenztem Rahmen handeln.

2. Für viele Menschen ist es wichtig, emotional klar zu sein. Nicht bei allen Menschen spielen die Emotionen eine wichtige Rolle, aber bei den meisten. So können z. B. Ängste dafür sorgen, dass wir be-

stimmte Möglichkeiten gar nicht sehen oder nicht in Betracht ziehen. Manche Wege fühlen sich schlecht an, weil eine Angst uns blockiert, nicht weil der Weg schlecht wäre.

Schritt 1 – Lösungen finden durch echte Offenheit:

In einem Auswahlprozess werden im Normalfall zuerst alternative Lösungen gesucht – wir wählen zwischen verschiedenen Möglichkeiten.

Meist sind wir dabei bereits so in unseren begrenzten Denkkonzepten gefangen, dass wir viele Möglichkeiten von vornherein ausschließen bzw. gar nicht erst wahrnehmen und sie damit auch nicht wählen können. Hinzu kommen die im vorigen Kapitel beschriebenen Wahrnehmungsfilter, die hier zuschlagen und uns die klare Sicht vernebeln, weil wir z. B. denken, dass bestimmte Dinge „nicht sein dürfen" oder ein bestimmter Weg sein „muss".

Eine wertvolle Herangehensweise ist hier, offene Fragen zu stellen, mit denen immer das positive Ziel anvisiert wird. Zusätzlich empfehle ich, immer die Energie zu der aktuellen Situation, für die eine Entscheidung benötigt wird, aufsteigen zu lassen. So stellen Sie sicher, dass Sie Ihre Wahrnehmung positiv ausrichten – egal wie die Lösung oder das Ergebnis am Ende aussehen wird.

Danach können Sie sich durch passende Fragen für neue Möglichkeiten öffnen. Geben Sie dabei so wenig wie möglich an Lösung vor.

Beispiel: Statt zu fragen: „Wo können wir Kosten sparen, um das vorgegebene Budget einzuhalten?", fragen Sie z. B.: „Was braucht es, damit wir unser Programm umsetzen können? Was ist noch möglich? Wie können wir unsere Wahlmöglichkeiten noch erweitern? Was braucht es dafür?"

Diese Fragen sind nicht in erster Linie für unseren Verstand gedacht, sondern für unser Unterbewusstsein! Stellen Sie die Fragen in den Raum, schreiben Sie sie aufs Flipchart, und falls es spontane Antworten gibt – fein, aber suchen Sie nicht danach, beißen Sie sich nicht daran fest. Stellen Sie die Fragen und warten Sie ab – meist bekommen Sie zeitnah Ihre Antwort, ohne lange danach suchen zu müssen. Wenn wir unserem Unterbewusstsein, unserer Intuition oder dem Universum solche Fragen stellen und sie dann erst einmal loslassen, können vollkommen neue Antworten kommen – auf Wegen, die wir uns im Traum nicht ausdenken können.

Beispiel:

Das folgende Beispiel entstammt zwar dem Privatleben, aber auch im Geschäftsleben wirken die gleichen Mechanismen.

Der 50. Geburtstag meines Mannes näherte sich. Leider waren die äußeren Gegebenheiten gerade nicht so, dass wir diesen Anlass gebührend hätten feiern können, und weder mir noch ihm fiel irgendein Wunsch ein, den ich ihm hätte zu diesem Anlass erfüllen können.

Trotzdem wollte ich nicht einfach nur mit einem Glas Sekt und einem Glückwunsch den Tag begehen. Ich stellte immer wieder Fragen wie: Wie kann ich meinem Mann eine echte Freude machen? Was braucht es, damit ich eine Idee bekomme, mit der ich meinen Mann erfreuen kann? Einige Tage vorher kam mir irgendwie beim Gang in die Schule mit meinem achtjährigen Sohn in den Sinn, ihn zu fragen, was er denn Papa schenken würde – bisher hatten die Kinder noch niemandem von uns etwas zum Geburtstag geschenkt. Daraufhin entwickelte er in kürzester Zeit eine so tolle Idee, dass diese direkt zum Familienprojekt befördert wurde, an dem wir dann zu dritt arbeiteten und dem Papa und Ehemann tatsächlich eine Freude machen konnten. Ich wäre vorher im Traum nicht darauf gekommen, dass die entscheidende Idee über meine Kinder kommen könnte.

Wenn sich keine brauchbaren Alternativen finden, sollten die Fragen auf die übergeordnete Ebene verlagert werden. Denn es könnte durchaus sein, dass z. B. das angestrebte Produktionsprogramm gar nicht optimal ist, Sie die falschen Ziele verfolgen oder das Problem ganz woanders liegt.

Schritt 2: Mit emotionaler Klarheit Bauchgefühl und Intuition nutzen

Kritisch kann eine „Bauchentscheidung" werden, wenn der entsprechende Mitarbeiter emotional zu sehr darin involviert ist, z. B. wenn eine falsche Entscheidung ängstigende Konsequenzen für ihn hätte. Dann kann es durchaus sein, dass jemand klarer sieht, der von der Entscheidung nicht direkt betroffen ist. Durch Nutzung der Methode der Fokusoptimierung in Bezug auf die anstehende Entscheidung kann ebenfalls eine klarere Sicht auf die Sachlage erreicht werden.

Wenn viele Menschen betroffen sind, kann es sogar sinnvoll sein, die ganze Gruppe zu befragen und zu schauen, wohin die Mehrheit tendiert, allerdings gilt hier die Einschränkung in Bezug auf die emotionale Belastung ebenfalls.

Wie können wir nun feststellen, ob wir unserem Bauchgefühl bzw. unserer Intuition vertrauen können?

Ganz einfach: Die Entscheidung sollte sich wirklich gut anfühlen – möglichst für alle Beteiligten. Als Hilfestellung kann auch hier wieder die „Sprache der Intuition" genutzt werden.

Wenn sich eine Entscheidung in Bezug auf das angestrebte Ziel wirklich leicht, hell, weit und kraftvoll anfühlt, dann wird sie die richtige Wahl sein. Fühlt sich etwas schwer, eng, leblos oder dunkel an, dann kann es zwei Gründe dafür geben: Entweder hängt irgendein Filter dazwischen (z. B. eine Angst) oder diese Wahl wird uns tatsächlich nicht zu dem gewünschten Ergebnis bringen.

Daher kann es nützlich sein, mithilfe der Fokusoptimierung erst einmal die Energie zu erhöhen. Dann spürt man oft schon mehr Klarheit.

Wenn die Energie nicht aufsteigen will, kann man schauen, woran es liegt (z. B. Angst, dann wird die Energie vor allem sehr dunkel sein; gefühlte Notwendigkeit, dann wird sie sehr eng sein etc.)

Auch folgende Fragen können helfen:

- Ist diese Entscheidung wirklich gut für mich / für das Unternehmen?

- Gibt es etwas, das mich an einer klaren Wahrnehmung hindert?

- Was wäre die beste Auswahl für alle Beteiligten?

Manchmal hilft es auch, ein paar Filter durchzugehen, z. B. ob es noch eine Angst gibt, die dazwischenliegt, oder Ähnliches.

> **Beispiel:**
>
> Bevor ich die Entscheidung traf, aus meinem letzten Unternehmen aus-
> zusteigen, ließ ich über einen langen Zeitraum sehr viele Ängste, Kopp-
> lungen und Muster aufsteigen, die hiermit direkt oder indirekt zusam-
> menhingen.
>
> Erst danach konnte ich spüren, wie gut und richtig sich diese Wahl an-
> fühlte. Ich konnte plötzlich klar spüren, was die richtige Wahl für mich
> war, obwohl mir dies noch einige Zeit vorher unmöglich erschien.

Wer entscheidet wirklich?

Wenn das Top-Management auf Basis von Entscheidungsvorlagen Be-
schlüsse fasst, liegt die eigentliche Steuerung bei den darunterliegenden Ebenen.

Warum? Weil die fachlichen Abteilungen die Vorauswahl treffen. Sie
beschneiden meist durch eine Auswahl an Alternativen bereits, was
möglich ist und was nicht.

Ich glaube, dass Unternehmen sich auf diese Art und Weise einerseits
begrenzen und andererseits sehr ineffektiv arbeiten. Denn in solchen
Fällen – die untere Hierarchiestufe bereitet vor, die obere entscheidet
– werden letztlich nur Ressourcen verschwendet und diejenigen, die
die Entscheidung vorbereiten (und damit oft dem Management schon
in den Mund legen) tragen letztlich nicht wirklich die Verantwortung,
obwohl sie die Auswahl getroffen haben.

Dabei kann es vorkommen, dass gar nicht die ideale Lösung im Sinne
des Managements bzw. des Unternehmens gefunden wird.

Hinzu kommt, dass im Zeitalter von PowerPoint und Co. vielfach die
eigentlich neutralen Informationen so aufbereitet werden, dass die
Wirkung gar nicht mehr neutral ist, sondern unbewusst das gewünschte Ergebnis bereits entsprechend „vermarktet" wird. Das ist keine Information, sondern internes Marketing – man könnte sogar von „Manipulation" sprechen, aber am Ende wird man es wohl „interne Verkaufs-
praxis" nennen.

Genau deshalb halte ich es für sinnvoll, Auswahl und Entscheidungsfindung an der Stelle zu belassen, wo die Menschen dem Geschehen am nächsten sind und das Ganze auch umsetzen sollen. Sie müssen schließlich auch meist die Konsequenzen ausbaden, und ich denke, dass ihre Intuition zu den entsprechenden Themen meist direkter und zuverlässiger ist.

Sehr hilfreich kann hier die Einführung eines „Beratungsprozesses" sein, wie er in Konzepten der Selbstorganisation vorgeschlagen wird. Danach kann jeder Mitarbeiter eine Entscheidung treffen, allerdings muss der oder diejenige sich nach festgelegten Regeln mit anderen Mitarbeitern beraten, und zwar sowohl mit allen von der Entscheidung Betroffenen als auch mit den Mitarbeitern, die sich mit der Thematik auskennen − je größer die Entscheidung, desto mehr „Berater" müssen einbezogen werden. Die Verantwortung behält aber dennoch derjenige, der den Vorschlag, um den es geht, initiiert hat und der die Entscheidung „benötigt" oder treffen will. Er wählt am Ende auf Basis des gesamten gewonnenen Experten- und Teamwissens aus, er ist dabei nicht zwingend an den Rat der anderen Mitarbeiter gebunden, aber wenn dieses Prinzip im gesamten Unternehmen wirkt, sind die Mitarbeiter automatisch auch bereit, die erhaltenen Ratschläge und Meinungen ernst zu nehmen.

Sicherlich funktioniert ein solcher Beratungsprozess am Besten in Unternehmen, die tatsächlich Formen der Selbstorganisation implementiert haben oder in kleineren Firmen, wo alle Mitarbeiter von ganzem Herzen für das Wohl des Unternehmens arbeiten und sich wirklich mit dem Unternehmenszweck identifizieren.

Wenn die Mitarbeiter außerdem gut an ihre Intuition angebunden sind − genauso wie das Management −, dann fallen solche Entscheidungen leicht. Dann lässt sich die richtige Alternative meist erspüren und muss nicht über komplexe Entscheidungsdiagramme „herbeianalysiert" werden.

Wichtig ist bei dezentralen Entscheidungsprozessen, dass diese Bereiche dann vom Management sehr klare strategische Rahmen vorgegeben bekommen (bzw. gemeinsam diese Rahmen erarbeiten), und erst wenn diese Regeln durch eine neue Auswahl betroffen sind, sollte sich auch das Management einschalten.

Dieses Vorgehen korrespondiert auch mit den Ergebnissen der bereits erwähnten Studie zur digitalen Transformation.[24] 72 % der Befragten sahen dabei Vermittlung und Kommunikation von Visionen als wichtigste Fähigkeit des Top-Managements, gefolgt von strategischem Denken. Dabei halte ich es für besonders wichtig, dass diese Visionen bei den Mitarbeitern auch wirklich im Gefühl ankommen, also die geballte, positive Energie einer Vision im ganzen Unternehmen spürbar wird.

Es wird also in Zukunft immer wichtiger, die unterschiedlichen Rollen von Top-Management (Führung, Vision) und mittlerem Management (Management im eigentlichen Sinne) klar zu differenzieren und entsprechend zu spielen.

Innerhalb eines klaren, strategisch-visionären Rahmens können Führungskräfte aus dem mittleren Management und Mitarbeiter wesentlich besser ihre intuitiven Fähigkeiten einsetzen.

Nutzung der Digitalisierung zur Unterstützung intuitiver Entscheidungsprozesse

Wenn wir im Rahmen der Digitalisierung den Computern nicht die eigentliche Entscheidung überlassen, sondern die Analyse komplexer Datenmengen als Basis nutzen, kann die Digitalisierung tatsächlich helfen, Entscheidungsprozesse zu vereinfachen.

Nutzen Sie in diesem Fall die Computeranalysen als Grundlage für ihre Bauchentscheidung und schauen sie sehr genau hin, wenn Sie starke Abweichungen zwischen einer Logik- und einer Bauchentscheidung wahrnehmen.

Was ich im Sinne dieses Buches nicht empfehle, sind rein computergestützte Entscheidungen, da hier gerade der intuitive Anteil vollkommen verloren geht.

Der Auswahlprozess für kleinere Unternehmen

Vieles, was oben beschrieben ist, trifft besonders auf Großunternehmen zu. Kleine Unternehmen und Selbstständige können natürlich noch viel einfacher von einem neuen Auswahlprozess profitieren, da sie nicht ganze Entscheidungsketten bedienen müssen.

Meine Empfehlung:

1. Nutzen Sie die Methode der Fokusoptimierung vor jeder Entscheidung, indem Sie die Situation an sich intuitiv wahrnehmen, für die Sie eine neue Wahl treffen möchten, oder nehmen Sie die Energie für „Die beste Auswahl in Bezug auf Situation XY".

2. Lassen Sie Ihren Bauch mitentscheiden!

3. Fangen Sie klein an, um Vertrauen zu gewinnen, also mit kleinen, alltäglichen Auswahlprozessen.

Beispiel: Stellen Sie sich vor, Sie benötigen einen neuen Lieferanten und haben nach etwas Vorarbeit noch zwei Angebote zur Auswahl. Ein Angebot ist günstiger, aber es fühlt sich irgendwie nicht richtig an.

Versuchen Sie, bestimmte Aspekte bei der Entscheidung außen vor zu lassen. Also z. B.: Wenn die Kosten keine Rolle spielen würden, welcher Lieferant wäre dann der beste? Erst danach schauen Sie sich an, welche Rolle die Kosten tatsächlich spielen. Wird Ihr Produkt dadurch unverkäuflich oder wäre durchaus auch der teurere Anbieter möglich? Unser Bauch kann oft erspüren, wenn irgendetwas nicht stimmig ist, was aus den Unterlagen nicht hervorgeht.

Wenn möglich, lassen Sie sich Zeit, bis Sie mit der Entscheidung wirklich klar sind und sich alles rundum gut anfühlt.

Für den Fall, dass Sie keine echte Klarheit spüren, empfehle ich, noch einmal zu hinterfragen, ob das Ganze überhaupt nötig ist – z. B.: Wird überhaupt ein anderer Lieferant gebraucht? Ginge es auch ganz anders? Welche Lösungen sind noch möglich?

Der richtige Zeitpunkt

Ich habe noch eine weitere Erfahrung gemacht: Wenn es extrem schwerfällt, zwischen zwei oder auch mehr Möglichkeiten zu wählen, kann es sein, dass einfach der Zeitpunkt noch nicht reif ist.

Für das Fällen von Entscheidungen auf intuitiver Basis ist es sehr wichtig, sich hier nicht zu sehr unter Druck zu setzen und, wenn sich keine der Möglichkeiten gut anfühlt, einfach weitere Fragen zu stellen und abzuwarten, welche Antworten sich zeigen.

Die Verknüpfung von Intuition und Logik bei Auswahlprozessen

Je wichtiger eine neue Wahl für uns als Mitarbeiter oder Unternehmer ist, desto mehr möchte unser Verstand mitspielen. Er will oft sichergehen, dass wir die richtige Entscheidung treffen.

Daher ist es wichtig, sich nicht nur auf die Intuition zu verlassen, sondern Methoden anzuwenden, die beide Instanzen miteinander verbinden.

Praktische Hinweise für Auswahl-/Entscheidungsprozesse:

- Verabschieden Sie sich von dem Wunsch, absolut sicher sein zu wollen, dass Sie die richtige Entscheidung treffen. Es gibt im Leben nie eine hundertprozentige Sicherheit.

- Sobald Sie dieses Motiv, sicher sein zu wollen, aktivieren, schalten Sie Ihre Intuition ab und Ihr Verstand beginnt damit, alle möglichen Gefahren zu scannen, die einer „richtigen" Entscheidung im Wege stehen können. Dadurch richten Sie wiederum den Fokus ihrer Aufmerksamkeit nach unten aus und nicht nach oben, wo Sie eigentlich hinwollen.

- Vergleichen Sie bei Ihren Optionen immer die Vorteile miteinander, ebenso die Nachteile aller Optionen, aber wägen Sie nicht die Nachteile gegen die Vorteile ab. Der Grund: Evolutionär bedingt gewichtet der Mensch Nachteile um ein Vielfaches stärker als Vorteile.

Wenn Sie Vorteile gegen Nachteile abwägen, bekommen Sie immer ein verzerrtes Bild.

• Fällen Sie keine Entscheidung, ohne auch nachgefühlt zu haben. Wenn sich eine Entscheidung nicht richtig gut anfühlt, gehen Sie dem auf den Grund, bevor Sie „Ja" sagen.

In dem Buch *Innere Transformation – Äußerer Erfolg*[25] wird ein sehr effektiver Entscheidungsprozess vorgeschlagen, den ich ähnlich schon häufig bei meinen eigenen Entscheidungen angewendet habe und daher hier in etwas abgewandelter Form skizzieren möchte.

Nehmen Sie sich dafür etwas Zeit und Ruhe. Schreiben Sie auf jeweils ein Blatt: *Vorteile Option A*, *Vorteile Option B*, *Nachteile Option A* und *Nachteile Option B*.

Widmen Sie sich jedem der vier Blätter separat. Fragen Sie sich jeweils: Welche Vorteile bietet die Option? Welche Gedanken kommen mir hierzu? Welche Gefühle? Spüren Sie. Nutzen Sie auch die Fokusoptimierung, um zu spüren, welche Energiequalität dahintersteckt.

Gehen Sie jedes der vier Blätter einzeln durch und trennen Sie sich jeweils nach einem Blatt kurz von dem Prozess, indem Sie an etwas anderes denken, sodass Sie jedes Mal möglichst frei auf die anderen Alternativen schauen können.

Zum Schluss legen Sie auf den Boden jeweils ein Blatt mit der Aufschrift *Option A*, darunter die beiden Blätter mit den Vor- und Nachteilen und mit etwas Abstand daneben *Option B* mit den Vor- und Nachteilen darunter. Stellen Sie sich dazwischen und spüren Sie, in welche Richtung Ihr Körper Sie zieht. Sie können sich auch auf die Optionen stellen und spüren, was sich besser anfühlt.

Wenn Sie schon nach dem Ausfüllen der vier Blätter sicher sind, können sie sich den letzten Schritt sparen. Denn wenn Sie vom Kopf her schon eine Variante favorisieren, kann Ihr Bauchgefühl verfälscht werden.

Um klar zu erkennen, was mein Bauchgefühl mir empfiehlt, nutze ich oft die „Blindzettel"-Methode. Ich schreibe die Alternativen auf gleich große Zettel und lege sie verdeckt auf den Boden. Dann stelle ich mich jeweils auf einen der Zettel und spüre, wie sich diese Option anfühlt. Das braucht etwas Übung, aber mit der Zeit gelingt es immer besser. Mir hilft diese Methode, den Kopf auszuschalten, sofern nicht insgeheim schon eine bestimmte Alternative favorisiert wird. Hinterher darf der Verstand dann wieder mitarbeiten und schauen, was diese Alternative denn bedeutet und ob es von der Logik her noch Argumente gibt, die eindeutig dagegensprechen.

Sollte sich kein eindeutiges Ergebnis finden, empfehle ich, nach weiteren Möglichkeiten Ausschau zu halten, sofern die Entscheidung nicht zu diesem Zeitpunkt zwingend notwendig ist. Ansonsten würde ich mithilfe der Fokusoptimierung prüfen, was einer klaren Auswahl im Weg steht.

8.5 Zeitdruck, Intuition und Kreativität

In fast allen Unternehmen herrscht permanent Zeitdruck. Termine müssen erreicht, Pläne eingehalten, Fristen gewahrt werden. Manche dieser „Deadlines" lassen sich nicht vermeiden. Aber wie der englische Ausdruck „Deadline" sehr schön symbolisiert, birgt jeder zusätzliche Termindruck den Tod in sich – den Tod von weiteren Möglichkeiten, den Tod von Kreativität und Intuition.

Im Abschnitt zum Thema Entscheidungen habe ich davon geschrieben, dass man manchmal alle möglichen Lösungen von rechts nach links wälzt, aber es fühlt sich einfach keine richtig an. Meine Erfahrungen haben gezeigt, dass dann einfach noch ein wichtiger Baustein fehlt, eine Information, ein weiterer Fortschritt des Geschehens. Die Entscheidung ist noch nicht reif oder die Frage / der Ansatz ist grundsätzlich verkehrt. Wenn nun unser Projektplan verlangt, dass wir genau zu einem bestimmten Zeitpunkt eine Entscheidung erzwingen müssen, schaden wir uns und dem Projekt.

Meine Empfehlung ist daher, dass Sie Pufferzonen für solche Fälle in ihrem Zeitplan einkalkulieren. Gönnen Sie sich, Ihren Mitarbeitern und Ihren Projekten so oft wie möglich die Zeit, Entscheidungen reifen zu lassen. Eine unreife Entscheidung bzw. Auswahl kann ganz schnell eine teure Entscheidung werden.

Grundsätzlich ist Zeitdruck für kreatives und auch intuitives Arbeiten schädlich, weil Zeitdruck immer zu Notwendigkeiten führt und die termingerechte Erfüllung letztlich Priorität vor der kreativen Lösung hat. Wenn Mitarbeiter mit ihrer Arbeit im Fluss sind, können sie wesentlich effektiver arbeiten. Aber wann welche Aufgabe gerade „flutscht", ist hochgradig subjektiv. Wenn eine Aufgabe unbedingt zu einem sehr eng gesteckten Termin erledigt werden muss, kann es sein, dass der Mitarbeiter sich daran festbeißt, ein Vielfaches an Zeit für die Erledigung braucht oder zu einer viel schlechteren Lösung kommt, als wenn er seiner Intuition folgen kann und die Aufgabe dann zu Ende führt, wenn es sich für ihn richtig anfühlt.

Natürlich können und sollen Termine genannt werden, aber eben mit einem möglichst großen Spielraum und nicht bis vorgestern.

Sicherlich geht das nicht immer. Bei einer Notoperation kann der Arzt nicht erst sein Bauchgefühl befragen, ob jetzt der richtige Zeitpunkt für ihn ist, um diese OP durchzuführen. Aber sehr oft werden in Unternehmen künstlich Termine gesetzt, bei denen es in Wirklichkeit nicht auf den Tag und die Minute ankommt, wo es im Grunde egal ist, wann es erledigt wird. Für alle diese Fälle empfehle ich „atmende" Erledigungstermine.

So können die Mitarbeiter viel besser der Energie folgen – vorausgesetzt, der Mitarbeiter hat auch ein persönliches Interesse daran, die Aufgaben gut und schnellstmöglich zu erledigen und den „atmenden" Zeitrahmen einzuhalten.

Hier können auch die Informationen des nächsten Kapitels hilfreich sein.

9 Glückliche Mitarbeiter = erfolgreiche Unternehmen

9.1 Der Einfluss zufriedener Mitarbeiter auf den Unternehmenserfolg

Bereits im ersten Kapitel wurde gezeigt, wie wichtig Zufriedenheit und Glücklichsein für den Erfolg eines Menschen sind. Mitarbeiter, die mit ihrer Arbeitsstelle zufrieden sind, stellen für das Unternehmen einen wertvollen Beitrag dar – viel wertvoller als Mitarbeiter, die an ihrem Arbeitsplatz unzufrieden sind und dort nur ihren Job machen.

Die Zufriedenheit eines Mitarbeiters schlägt sich zum Beispiel auch auf das Engagement nieder, die Fehlzeiten, die Fluktuation und sogar die Kreativität, wie eine Studie von Stepstone über das Glück am Arbeitsplatz[26] zeigt.

Das lässt sich auch ganz einfach nachvollziehen: Wer mit seiner Arbeitsstelle zufrieden ist, hat den Fokus viel häufiger auf positive Dinge gerichtet, identifiziert sich viel stärker mit dem Unternehmen und wird sicherlich viele Aufgaben als lohnend empfinden – was sich natürlich positiv auf seine Leistungsfähigkeit, Gesundheit und Ausstrahlung auswirkt.

Alles, was in den ersten beiden Teilen dieses Buches beschrieben wurde, bezieht sich ja letztlich auf die Mitarbeiter. Denn die Mitarbeiter sind diejenigen, die ein Unternehmen ausmachen. Ohne Menschen gibt es keine Produkte oder Dienstleistungen.

Bis heute kann ich nicht nachvollziehen, dass noch immer so viele Unternehmen und sogar Einrichtungen des öffentlichen Dienstes lieber einen permanenten Wechsel von Mitarbeitern in Kauf nehmen als unbefristete Verträge auszustellen und in Mitarbeiterentwicklung sowie -zufriedenheit zu investieren. Selbst wenn eine solche Personalpolitik scheinbar Risiken minimiert und vielleicht kurzfristig sogar finanzielle Vorteile bringt – mittel- bis langfristig ist es betriebswirtschaftlicher Unfug, was an anderen Stellen schon ausgiebig nachgewiesen wurde.

Denn jeder neue Mitarbeiter kostet erhebliche Ressourcen, Zeit und Energie für die Einarbeitung, und wer schon von Anfang an weiß, dass die Aussichten auf eine langfristige Anstellung gering sind, wird sich kaum zu hundert Prozent engagieren, geschweige denn ein Wir-Gefühl mit dem Team oder der Organisation entwickeln.

Wie aber lässt sich die Zufriedenheit der Mitarbeiter mit den hier vorgestellten Ansätzen zum Wohl des Unternehmens verbessern?

9.2 Personalauswahl und Arbeitsteilung

Die Personalauswahl und der Einsatz der passenden Mitarbeiter für die richtige Aufgabe sind wohl eine der wichtigsten Führungsaufgaben in Unternehmen. Leider werden hierbei auch die meisten Fehler gemacht und häufig viel zu wenig Zeit darauf verwendet.

Es beginnt natürlich mit der Anstellung der zum Unternehmen passenden Mitarbeiter. Besonders gefällt mir hier der Ansatz von John Strelecky in seinem Buch *The Big Five for Life* [27]. Er empfiehlt, Mitarbeiter danach auszuwählen, ob und inwiefern deren persönlicher Lebenssinn („Zweck der Existenz") zum Daseinszweck des Unternehmens passt. Denn wenn mein persönlicher Zweck der Existenz mit dem Zweck der Existenz des Unternehmens zusammenpasst, bin ich ganz natürlich motiviert und interessiert, meine Aufgaben zu erledigen.

Die Frage ist, warum das in der Praxis dann so selten passiert. Ich glaube, der Hauptgrund ist ein ganz einfacher: Die wenigsten Menschen sind sich dessen bewusst, was Ihr ganz persönlicher Zweck der Existenz wirklich ist. Was möchte ich in meinem Leben erreichen? Und zwar nicht einfach nur „Karriere machen", sondern zu wissen, was ich selbst gerne den Menschen geben möchte – was sind meine Träume, die ich in meinem Leben verwirklichen will? Genauso wichtig ist es natürlich, dass die Unternehmen ihren eigentlichen Daseinszweck wirklich kennen, formulieren und nach außen transportieren.

Auch hierbei können die Werkzeuge dieses Buches eine wichtige Unterstützung sein. So kann die Fokusoptimierung helfen, mit Leichtigkeit Klarheit in die Fragen nach den ganz persönlichen Träumen und Wünschen zu bringen. Auch Malen kann dabei behilflich sein.

Die Antwort auf tiefgehende Fragen wie nach dem persönlichen Zweck der Existenz lässt sich nicht erzwingen. Aber wenn wir uns dafür öffnen, diese erfahren zu wollen, werden wir die Antwort irgendwann wissen.

Häufig werden wertvolle Ressourcen dadurch verschwendet, dass die im Rahmen der Arbeitsteilung zugeteilten Aufgaben nicht den tatsächlichen Fähigkeiten und persönlichen Zielen der Mitarbeiter entsprechen.

Sicherlich kann ein kleiner Anteil solcher Aufgaben kompensiert werden, wenn Mitarbeiter wissen, „wofür" sich diese lohnen, wenn der Hauptzweck ihrer Tätigkeiten ihrem persönlichen Lebenssinn entspricht.

Beispiel:

Ich hatte in meiner beruflichen Karriere häufiger Schwierigkeiten mit der Identifikation, weil ich – egal wie interessant die Projekte waren – oft ins Grübeln kam, ob das denn jetzt wirklich sinnvoll für die Menschheit war.

Mir ist erst heute bewusst, dass ich mich schlicht von meinem Herzen her nicht hundertprozentig mit dem Unternehmenszweck identifizieren konnte. Ich empfand ihn aber auch nicht als schlecht oder sittenwidrig, weshalb es mir nie so ganz bewusst wurde. Aber mit etwas Abstand weiß ich, dass mir vollkommen andere Dinge wirklich am Herzen liegen als die „coolste Innovation" oder das „beste Netz", auch wenn ich den Sinn solcher Dinge nicht grundsätzlich negativ beurteile.

Diese tief sitzende fehlende Identifikation hat im Weiteren immer wieder zu Unzufriedenheit bei mir geführt. Die Arbeit bekam keinen tieferen Sinn als das Geldverdienen und ich konnte sie mir nur noch durch angenehme Umstände wie grundsätzlich interessante Aufgaben, nette Kollegen und ein passendes Gehalt schönreden. Aber je mehr Wert ein Mensch auf „Sinnhaftigkeit" legt, desto leerer fühlt er sich unter solchen Umständen.

Ein weiterer Grund ist, dass viele Unternehmen ihren eigenen „Zweck der Existenz" nicht sehr klar formuliert haben. Es erfordert die Bereitschaft, tiefer zu blicken und – wie bereits gezeigt – Erfolg weiter zu fassen als in reinen Bilanzzahlen. Je klarer ein Unternehmen seinen Zweck definiert hat, desto leichter ist es, auch die dazu passenden Mitarbeiter zu finden.

Einen dritten Grund sehe ich in den Auswahlkriterien, die häufig von Personalabteilungen gestellt werden. Bei Tausenden von Bewerbungen braucht man natürlich irgendein Kriterium, wonach Bewerber ausgesiebt werden können. Erfreulicherweise gibt es tatsächlich einen Trend, nach dem Schulnoten bei Bewerbungen immer unwichtiger werden und Firmen verstärkt auf soziale und kognitive Kompetenzen setzen – zumindest bei Ausbildungsplätzen. Bei akademischen Berufen ist das Bild sehr gemischt und stark abhängig von der Branche und dem Verhältnis zwischen Angebot und Nachfrage.

Wer eine akademische Karriere einschlagen will, braucht auf jeden Fall auch während des Studiums sehr gute Noten. Ich persönlich hatte während des Studiums immer recht durchschnittliche Noten, weil ich Auswendiglernen hasste und es bis heute nicht gut kann. Dafür konnte ich immer punkten, wenn es darum ging, Zusammenhänge zu erfassen und eigene Ideen zu entwickeln. Leider wird diese eher kreative Begabung gerade in Fächern wie Wirtschaftswissenschaften wenig honoriert.

Auch bei meinen Bewerbungen hatte ich mit meinem eher durchschnittlichen BWL-Abschluss immer größere Schwierigkeiten, einen Vorstellungstermin zu bekommen, als mein Mann, der wesentlich später und mit auch nicht viel besseren Noten seinen Abschluss als Dipl.-Ing. für Architektur gemacht hatte. Ich denke, ein Grund ist, dass die Branchen ganz unterschiedlich gestrickt sind und bei seinen Bewerbungen häufig der Chef direkt entschieden hat, und dem ging es meist um die Erfahrung – und vielleicht auch um das Bauchgefühl.

Auch meinen letzten Job in einem Großkonzern hätte ich wohl über den Standardweg der Personalstelle nie bekommen. Hier spielte mir der Zufall in die Hände, dass ich den Chef persönlich kannte und ihm ganz andere Kompetenzen wichtig waren als einer Personalabteilung.

Er hatte die Fähigkeit, Menschen ganzheitlich zu sehen und nicht nur Informationen, die auf einem Blatt Papier stehen. Außerdem besaß er ein hervorragendes Gespür für Menschen, was ich auch daran merkte, dass ich mich in den Teams, die er zusammenstellte, immer extrem wohlfühlte.

Ich glaube, dass Firmen, die zu formalistisch an die Bewerberauswahl herangehen, viele gute, selbstständig arbeitende Leute an andere Unternehmen verlieren – und auch Menschen mit ausgeprägten intuitiven Fähigkeiten, da diese nun einmal in unserem Bildungssystem eine geringe Rolle spielen.

Wenn es um das Thema Bewerbungen und Personal geht, kann die hier vorgestellte „Methode zur Fokusoptimierung" ebenfalls sehr hilfreich sein. So können Sie z. B. die Energie erhöhen, um genau die richtigen Bewerber anzuziehen und auch nicht von Bewerbern überschwemmt zu werden.

Beispiel:

Eine BDA-Teilnehmerin erzählte, dass sie Bewerbungen in ihrem Unternehmen immer energetisch erhöht. So gelingt es ihr, mit wenigen Bewerbungen = wenig Aufwand die passenden Mitarbeiter zu finden.

Wenn es darum geht, zu entscheiden, ob noch eine neue Mitarbeiterin benötigt wird, bekommt sie dadurch meist innere Klarheit und kann die Situation besser loslassen. Ihre Erfahrung: Wenn es passt, bewirbt sich die richtige Person, und wenn sich kein passender Mitarbeiter bewirbt, zeigt sich am Ende, dass es auch nicht notwendig war, und es finden sich andere Lösungen.

Ein solches Vorgehen erfordert natürlich Vertrauen und ist sicherlich nicht immer eine Option. Aber das Beispiel zeigt, dass wir auf diese Art und Weise viel Druck und Stress aus der Arbeitswelt herausnehmen können – ohne irgendwelche Einbußen.

9.3 Motivieren und Leistung fördern mit positiven Gefühlen

Obwohl heutzutage schon viele Unternehmen Wert darauf legen, dass sich ihre Mitarbeiter wohlfühlen, wird die Bedeutung eines wirklich positiven Gefühlszustands immer noch stark unterschätzt und fehlt es häufig an Mitteln, diesen auch zu erreichen.

Wenn es um die Motivation von Mitarbeitern geht, sind zwei Aspekte zu unterscheiden:

- Die langfristige Motivation, sich für das Unternehmen zu engagieren und das Beste zu geben

- Die kurzfristige, akute Motivation zum Handeln und die damit einhergehende Leistungsfähigkeit für eine aktuelle Aufgabe

Für beide Fälle sind zwei unterschiedliche Gefühlsebenen wichtig.

Langfristige Motivation und Engagement für das Unternehmen

Es gibt vier verschiedene Kategorien von Gefühlen: Die drei positiven Motivationen (Lockgefühle, Belohnungsgefühle und Zusammengehörigkeitsgefühle) sowie die negative Motivation (Vermeidungsgefühle). Eine Übersicht mit Beispielen finden Sie auf der nächsten Seite.

Dass Vermeidungsgefühle im Sinne dieses Buches kaum sinnvolle Motivatoren sind, muss hier sicherlich nicht mehr näher erklärt werden, auch wenn dieses Mittel indirekt leider häufig noch zum Einsatz kommt, z. B. durch Angst vor Arbeitsplatzverlust, Ansehensverlust oder andere Sanktionen, wenn eine bestimmte Leistung nicht erbracht wird. Es ist klar, wo hier unsere Aufmerksamkeit liegt, und Mitarbeiter, die in erster Linie durch Vermeidungsgefühle „motiviert" sind, gehören mit Sicherheit nicht zu den Leistungsträgern. Ihnen fällt es schwer, ihre Wahrnehmung wirklich klar auf die Ziele des Unternehmens auszurichten, und viele Aufgaben werden ihnen nur zäh von der Hand gehen.

Daher sollten Chefs möglichst dafür sorgen, dass Mitarbeiter auf Basis positiver Gefühle motiviert werden und nicht aus Druck, Angst oder Notwendigkeit heraus handeln.

Die Aussicht auf das monatliche Entgelt als Lockgefühl ist sicherlich eines der wichtigsten Motive, weshalb Mitarbeiter – unabhängig von Ihrer Freude am Job – jeden Tag wieder an ihrem Arbeitsplatz erscheinen. Aber da Lockgefühle nicht von Dauer sind und hier der Gewöhnungszustand schnell eintritt, können uns diese Gefühle nicht mehr besonders motivieren, selbst wenn sie z. B. durch Aussicht auf Gehaltserhöhungen, Zielprämien oder auch nichtmonetäre Verlockungen schmackhaft gemacht werden.

Gefühlskategorie	Beispiele	Wirkung
Positiv oder angenehm bewertete Gefühle = Motivatoren		
Lockgefühle	• Aussicht auf Gehaltserhöhung • Zielprämien • Beförderungsaussichten • Monatslohn (eingeschränkt, da Grundantrieb, überhaupt zu arbeiten) • Vorfreude auf soziale Aktivitäten • Vorfreude auf interessante Aufgaben / Ergebnisse	Temporär bis zur Erfüllung
Belohnungsgefühle	• Alle erfüllten Lockgefühle • Anerkennung und Wertschätzung durch Chef oder Kollegen • Selbstbelohnung bei erfüllten Aufgaben • Kleine Aufmerksamkeiten	Kurzfristig nach Erfüllung
Zusammengehörigkeitsgefühle = Wir-Identifikation	• Soziale Kontakte allgemein • Teamzugehörigkeit • Firmenzugehörigkeit • Sozialer Status / soziale Gruppe	Langfristig
Negativ oder unangenehm bewertete Gefühle = Leistungsbremsen		
Vermeidungsgefühle	• Angst vor Ärger • Angst vor Jobverlust • Vermeidenwollen negativer Konsequenzen wie Terminverspätung, Ansehensverlust, Gehaltseinbußen etc. (Aversionsmotive) • Gefühlte Notwendigkeiten, Missstände, Gefahren, Sinnlosigkeit • Ärger und Wut (Kampfmodus)	Für die Dauer der Einwirkung bzw. des Bestehens der Situation, auch langfristig versteckt wirksam

Belohnungsgefühle stellen sich z. B. kurzfristig nach einer Gehaltserhöhung, nach ausgesprochener Anerkennung oder anderen positiven Erlebnissen während der Arbeit ein. Aber auch diese Gefühle sind nicht sehr dauerhaft und können unser Gefühlsleben nur kurzzeitig positiv beeinflussen – genauso wie unsere Motivation. Dennoch ist die regelmäßige Erfüllung dieser beiden Gefühlskategorien wichtig für die Zufriedenheit der Mitarbeiter!

Die einzigen positiven Gefühle, die wirklich von Dauer und damit geeignet sind, Mitarbeiter langfristig an ein Unternehmen zu binden, sind die Zusammengehörigkeitsgefühle. Kein Wunder, dass viele Unternehmen sich bemühen, ein „Wir"-Gefühl unter den Mitarbeitern zu erschaffen, denn Zusammengehörigkeit entsteht durch Identifikation. Nur wenn Mitarbeiter sich wirklich mit dem Unternehmen, seinen Zielen und der „Mannschaft" identifizieren, werden sie sich aus vollem Herzen engagieren und nicht beim erstbesten Angebot zum Wettbewerber wechseln.

Diese Identifikation sollte möglichst auf allen Ebenen gegeben sein, also die Identifikation mit dem gesamten Unternehmen genauso wie mit der Abteilung oder dem Projektteam.

Damit Mitarbeiter sich wirklich mit dem Unternehmen verbunden fühlen, ist es auf jeden Fall wichtig, dass die Mitarbeiter sich mit dem Sinn des Unternehmens identifizieren. Aber auch andere, soziale Faktoren spielen eine wesentliche Rolle.

Einer dieser zusätzlichen Faktoren ist die Möglichkeit, sich während der Arbeit *ganz* zeigen zu können. Laloux nennt in seinem bereits mehrfach erwähnten Buch[8] die Suche nach Ganzheit neben der Selbstorganisation und einem „evolutionären Sinn" als einen der drei Schlüsselpunkte für ein neues, integrales Management. Heutzutage ist es üblich, dass die meisten Menschen im Job eine Art Maske tragen und nur zum Teil das zeigen, was sie wirklich ausmacht. Aber da die Arbeit einen so großen Teil unseres Alltags ausmacht, schwächt uns diese Reduzierung und die Sehnsucht wächst, uns so geben und zeigen zu dürfen wie wir wirklich sind – mit all unseren Fähigkeiten, Stärken und auch Schwächen.

Je eher diese Sehnsucht in einem „Job" erfüllt wird, desto stärker entwickelt sich bei den Menschen von Natur aus ein Wir-Gefühl. Und letztlich wird dieses Zusammengehörigkeitsgefühl auch dadurch gestärkt, dass die anderen beiden Kategorien – die Lock- und Belohnungsgefühle – regelmäßig erfüllt werden, z. B. durch Wertschätzung und Anerkennung der Leistungen.

Beispiel:

Obwohl ich mich, wie oben beschrieben, selten wirklich mit dem Zweck eines Unternehmens identifizieren konnte, habe ich doch immer ein starkes Wir-Gefühl entwickelt, weil ich mit tollen Menschen zusammengearbeitet habe, die mich auch persönlich sehr schätzten. Diese soziale Bindung eines gut zusammenarbeitenden Teams ist viel wert und hat mir geholfen, viele Jahre lang trotz allem freudig meine Arbeit zu erledigen. Sie allein konnte allerdings auf Dauer nicht den fehlenden Sinn ersetzen.

Gerade in Deutschland scheint die Mitarbeiterbindung an Unternehmen besonders gering zu sein, wie die regelmäßigen Studien des Gallup-Instituts zeigen.[28] So gaben im Jahr 2015 68 % der Studienteilnehmer an, nur eine geringe Bindung zum Unternehmen zu haben, 16 % hatten bereits innerlich gekündigt. Damit liegt Deutschland in puncto Mitarbeiterbindung weit hinter den USA.

Einen wichtigen Grund sieht Gallup in zu seltenem und falschem Feedback. Letztlich geht es darum, dass Mitarbeiter sich nur als Teil einer Gemeinschaft fühlen und bereit sind, hierfür Leistung zu erbringen, wenn diese auch wertgeschätzt wird und wenn es Unterstützung und Führung dabei gibt, sich weiterzuentwickeln.

Bekannte Maßnahmen, mit denen Unternehmen sich bemühen, die Wir-Identifikation zu fördern, sind z. B.:

- Fest installierte Rhythmen für Feedback- und Mitarbeitergespräche

- Mitarbeiterveranstaltungen zur Information von Mitarbeitern, z. B. über strategische Ausrichtungen

- Gemeinsame Sportangebote wie Firmenläufe oder interne Fußball-turniere

- Team-Building-Maßnahmen wie gemeinsame Workshops, Ausflüge u. Ä.

- Sehr hilfreich können auch bereichsübergreifende Projekte oder Job-Rotation-Angebote sein, bei denen Mitarbeiter einmal andere Luft schnuppern und sich wieder stärker mit dem Ganzen verbinden, nicht nur mit ihrer Abteilung.

- Vergünstigte Mitarbeiterangebote, damit die Angestellten sich mit den Produkten des Unternehmens identifizieren

- Einbindung von Mitarbeitern in die Social-Media-Strategie des Unternehmens, Einsatz als „Brand Advocates"

Leider fallen viele Maßnahmen, insbesondere die eher geselligen, immer häufiger Sparplänen zum Opfer. Aus meiner Sicht ist das ein großer Fehler, denn auf solchen Veranstaltungen lernen sich die Menschen oft auf einer persönlicheren Ebene kennen und die Masken fallen ein wenig. Hierin liegt ein großes Potenzial zur Stärkung des Wir-Gefühls und damit letztlich für die Leistungsbereitschaft und Motivation von Mitarbeitern.

Jeder hat wahrscheinlich mal einen Durchhänger – Aufgaben, die ihm oder ihr gerade nicht solchen Spaß machen, einen schlechten Tag, etwas, wovon er oder sie nicht ganz überzeugt ist. Je stärker jedoch das Wir-Gefühl der Mitarbeiter ist, desto größer ist ihre Fähigkeit, dennoch am Ball und leistungsfähig zu bleiben. Denn es lohnt sich dann immer noch – für „uns", weil ich dazugehöre und auch weiterhin dazugehören möchte.

Um ein solches Wir-Gefühl zu entwickeln, braucht es auch schlichtweg Zeit und Raum, damit sich Mitarbeiter und Vorgesetzte von Mensch zu Mensch begegnen können. Eine wertvolle Maßnahme dafür könnten z. B. geselligkeitsfördernde Pausenzeiten sein, bei denen die Mitarbeiter Gelegenheit haben, sich auszutauschen – in anderen Ländern, wie z. B. Schweden oder Portugal, ist dies gang und gäbe.

Wichtig für das Wir-Gefühl ist auch eine Unternehmenskultur, die auf Kooperation beruht und nicht auf Wettbewerb. Insbesondere in Vertriebsbereichen sollte darauf geachtet werden, dass nicht die Verkäufer untereinander in Konkurrenz treten. Es geht um das Unternehmen als Ganzes, um „unseren" Erfolg. Außerdem versetzt uns Wettbewerb schnell in einen Kampfmodus, der wenig geeignet ist, mit Freude bei der Arbeit zu sein.

Maßnahmen, die bisher nicht so üblich sind, aber helfen können, die Wir-Identifikation zu steigern, sind z. B.:

• Lernen Sie Ihre Mitarbeiter auf allen Ebenen kennen, also auch in Bezug auf ihre Hobbys und persönlichen Stärken.

• Lernen Sie die Träume Ihrer Mitarbeiter kennen und helfen Sie Ihnen, diese zu erfüllen (siehe auch das Buch „The Big Five for Life"[27]).

• Geben Sie Mitarbeitern Zeit und ggf. finanzielle Unterstützung, die BDA zu absolvieren oder andere Werkzeuge zu erlernen, die ihre Intuition schulen und die helfen, ihre Energie und damit den Fokus ihrer Aufmerksamkeit zu erhöhen – das fördert die persönliche Entwicklung und Ihr Unternehmen wird davon profitieren.

• Beziehen Sie Mitarbeiter in wichtige Entscheidungen mit ein.

• Machen Sie eine lockere Pausen- und Smalltalk-Kultur zum Teil Ihrer Unternehmenskultur und schaffen Sie dafür auch einen schönen räumlichen Rahmen.

• Wertschätzen Sie die Mitarbeiter regelmäßig, auch für Kleinigkeiten und scheinbare Selbstverständlichkeiten.

Inwiefern ein Mitarbeiter sich darüber hinaus auch langfristig mit seiner Rolle und seinen Aufgaben identifizieren kann, wird in starkem Maße vom zweiten Motivatorenblock abhängen.

Motivation und Leistungsfähigkeit im Augenblick

Wie leistungsfähig und gleichzeitig motiviert ein Mitarbeiter an eine Aufgabe herangeht (sofern die oben besprochenen Grundlagen stimmen), hängt in entscheidendem Maße von seinen aktivierten Wahrnehmungsfiltern ab.

Vielleicht der wichtigste Filter überhaupt ist die Frage: „Lohnt sich das?" Wenn ein Mitarbeiter – aus welchen Gründen auch immer – das Gefühl hat, dass sich die Erledigung einer Aufgabe nicht lohnt, wird er diese nicht nur sehr lustlos bearbeiten, die Leistung wird auch bei Weitem nicht so effektiv sein.

Die Ursache dafür liegt – wie wir bereits gelernt haben – in unserem Emotionalgehirn, das die Beurteilung, ob sich etwas lohnt oder nicht lohnt, aufs Überleben bezieht. Und wenn wir signalisieren, dass sich etwas nicht lohnt, dann zieht das Emotionalgehirn die Energie davon einfach ab.

Hier sind meist sehr subjektive Bewertungen im Spiel. Als Führungskraft ist es wichtig, dass Sie Ihren Mitarbeitern möglichst überzeugend erklären, wozu eine Aufgabe da ist. Verabschieden Sie sich von dem Gedanken des reinen Gehorsams nach dem Motto: „Erledige das, weil ich es sage!" Machen Sie Ihren Mitarbeitern klar, warum sich etwas lohnt, und zwar begründet und plausibel. Das stärkt das Gefühl, dass der Mitarbeiter einer sinnvollen Tätigkeit nachgeht. Dieses „Es lohnt sich" zu vermitteln ist für jede Art von Arbeit wichtig. Wenn jeder Mitarbeiter sich als Teil des großen Ganzen sieht und gleichzeitig überzeugt ist, dass auch sein Anteil an dem großen Werk sich lohnt, dann kann die Arbeit mit Leichtigkeit von der Hand gehen.

Wenn Sie selbst als Mitarbeiter eine Aufgabe bekommen, bei der Sie den Sinn anzweifeln und das Gefühl haben, dass sich das doch gar nicht lohnt, halten Sie inne. Finden Sie Gründe, warum sich die Erledigung lohnen könnte, und wenn Sie diese partout nicht finden können, suchen Sie nach alternativen Lösungen, die Ihnen lohnender scheinen, oder sprechen Sie den Chef noch einmal darauf an. Das Gleiche gilt, wenn Sie merken, dass die Erledigung einer Aufgabe länger dauert, als sie dachten, und irgendwie „zäh" wird. Halten Sie inne und prüfen Sie Ihre Motive. Glauben Sie, dass es sich lohnt?

Für die Motivation ist es auch nicht förderlich, eine Aufgabenerledigung als starke Notwendigkeit zu deklarieren. Natürlich kann die Führungskraft sagen: „Ich brauche das bis morgen Mittag!" Aber wenn bei dem Mitarbeiter – ob bewusst oder unbewusst – das Gefühl entsteht, die Erledigung der Aufgabe sei lebensnotwendig, kann das auch zu Denkblockaden führen. Denn auch Notwendigkeiten werden von unserem Emotionalgehirn als überlebensnotwendig interpretiert, was wiederum unsere Wahrnehmungsfilter eintrübt – unser Gesichtsfeld wird sehr eng, genau wie unsere ganze Energie, wir sind nicht mehr klar darauf ausgerichtet, wo wir hinwollen, und möglicherweise erschaffen wir so eher das Gegenteil von dem, was wir wollen. Denn immer, wenn wir etwas als absolut notwendig erachten, ist unsere Aufmerksamkeit primär auf die drohenden „Gefahren" gerichtet, die der Grund für die gefühlte Dringlichkeit sind – ein Teufelskreis, aus dem es nicht so leicht ein Entrinnen gibt.

Ähnliches gilt für Missstandsbeurteilungen. Wenn wir etwas als schlimm beurteilen, entstehen sehr schwere Energien, die ebenfalls kontraproduktiv sind. Auch das kommt häufig in Unternehmen, Projekten oder Organisationen wie auch in unserer persönlichen „Beurteilung" von Situationen vor. Auch diese können starke Motivationsbremsen werden, auch wenn das vielleicht den gängigen Ansichten widerspricht.

Je mehr eine Situation dramatisiert wird, desto mehr kommen die Mitarbeiter in sogenannte „Vermeidungsmotive". Diese setzen meist eher unsere Instinkte in Gang als unser Großhirn und vor allem richten sie unsere Aufmerksamkeit genau auf die Dinge, die wir vermeiden wollen. Selbst wenn die Mannschaft dann so richtig motiviert ist, dem Missstand an den Kragen zu gehen, wird die Erledigung der Arbeit viel mehr Kraft kosten als notwendig und womöglich sogar in die falsche Richtung laufen.

Wann immer Sie spüren, dass eine Aufgabe sich irgendwie nicht gut anfühlt, sie also nicht so richtig im Fluss und bei der Sache sind, können Sie erst einmal die Methode der Fokusoptimierung nutzen.

Schauen Sie sich die Energie der Aufgabe oder Situation an – ist sie hell oder dunkel, eng oder weit, schwer oder leicht, lebendig oder kraftlos und zieht sie nach oben oder unten? Dann bewegen Sie diese Energie mit Ihrem inneren Fokus nach oben, bis die Energien leicht, hell und weit sind.

Möglicherweise melden sich dabei andere Themen, die angeschaut werden möchten, oder sie fühlen sich einfach etwas besser, bekommen eine Idee, wie es leichter gehen könnte o. Ä.

Und ganz wichtig: Wenn Sie eine neue Aufgabe bekommen, erhöhen Sie als Erstes, bevor Sie sich ans Werk machen, Ihre Energie dazu, z. B. mit der Fokusoptimierung.

9.4 Rahmenbedingungen in Unternehmen

Neben den vielen inneren Faktoren spielen auch äußere Rahmenbedingungen eine wichtige Rolle für die Entfaltung und das Wohlbefinden von Mitarbeitern.

Wo und wann in Ihrem Unternehmen können Mitarbeiter sich kreativ austoben? Häufig gibt es dafür höchstens den nicht sehr inspirierenden Arbeitsplatz, in manchen fortschrittlichen Großunternehmen vielleicht noch ein paar gemütliche Lounge-Möbel für die gemeinsame Pause oder einen Kickertisch.

Aber wo ist die Spielecke?

Jetzt denken Sie sicher, dass Sie doch kein Kindergarten sind. Nein, aber Sie beschäftigen Menschen, die noch immer einen tiefen Spieltrieb in sich spüren, und Kreativität gedeiht am besten spielerisch.

Für mich war einer der unangenehmsten begrenzenden Faktoren während meiner Arbeit in Großunternehmen, dass ich dort meine Kreativität höchstens an PowerPoint-Charts austoben konnte. Das reichte mir persönlich nicht. Obwohl die Nachfrage nach kreativen Lösungen in allen Unternehmen groß ist, wird meist wenig zur Förderung der Inspiration getan.

Warum gibt es in Besprechungsräumen z. B. statt Flipcharts nicht große Malwände mit bunten Farben? Allein die Beschränkung auf wenige Grundfarben, die bei Flipcharts üblich sind, noch dazu mit karierten Blättern, empfinde ich als wenig einladend für kreative Sitzungen und die Nutzung von Kreativitätstechniken wie „Design Thinking". Dabei findet diese Technik immer mehr Freunde in Unternehmen. Man braucht aber nicht gleich einen neuen Begriff oder jemanden, der solche „Techniken" einführt. Oft reicht es, sich dafür zu öffnen und einen Protagonisten zu haben, der es wagt, hier einmal einen neuen Weg zu beschreiten.

Natürlich machen sich Farbkleckse und Kreidespuren schlecht auf dem Armani-Anzug, aber das sollte Unternehmen nicht daran hindern, Wege zu finden, wie Mitarbeiter ihre Kreativität besser einbringen und ausdrücken können.

Statt Farben könnte es auch eine Kiste Lego-Steine sein – technikorientierte Menschen können vielleicht auch damit interessante Ideen entwickeln. Oder ein Modelliermaterial wie lufttrocknender Ton, Knete oder Ähnliches.

Alles in Sachen Unternehmen scheint – insbesondere in Deutschland – möglichst klar, geradlinig und mit wenigen Farben daherkommen zu müssen. Buntes, organisches Design gilt schnell als zu verspielt, esoterisch oder einfach nicht seriös.

Diese Farblosigkeit spiegelt sich in vielen deutschen Unternehmen und öffentlichen Einrichtungen wider und führt am Ende mit zu Tristesse und Frustration bei den Mitarbeitern.

Ich war vor einigen Jahren sehr beeindruckt, als ich im damaligen T-Online-Gebäude der Deutschen Telekom nach amerikanischem Vorbild eingerichtete Bürolandschaften sah – verspielt, farbenfroh und freundlich. Leider hat sich dieser Stil in anderen Gebäuden der Deutschen Telekom nicht durchgesetzt.

Insbesondere amerikanische Hightech-, Online- und Startup-Unternehmen setzen häufig auf stylishe bis verspielt-verrückte Bürowelten. Gute Eindrücke davon vermittelt der Online-Beitrag *Die 20 schönsten Büroräume der Techwelt*[29]. Google, Facebook und Co. punkten mit ausgefallenen, großzügigen Bürolandschaften, in denen gemütliche Sofaecken, bunte Kuschelkissen und peppige Farben nicht fehlen. Ein Foto aus der Hamburger Google-Zentrale mit einem kleinen Besprechungsraum hat mich besonders beeindruckt, weil er sehr liebevoll und gemütlich gestaltet ist. Die Besprechungs- und Telefonräume, die ich kennengelernt habe, waren dagegen meist so kalt und unpersönlich, dass man sie am liebsten schnell wieder verlassen wollte.

Überhaupt gehört Google zu den beliebtesten Arbeitgebern, denn dort ist es gelungen, die starren Begrenzungen der klassischen Unternehmensbürokratie abzulegen und Arbeitswelten zu schaffen, die es den Mitarbeitern leicht machen, sich dort zu Hause zu fühlen und Leben und Arbeit als Einheit zu empfinden.

Zu den Bausteinen für Kreativität gehört auch Zeit. Druck ist gerade für kreative Prozesse vollkommen kontraproduktiv. Obwohl dies schon lange kein Geheimnis mehr ist, herrscht in vielen Unternehmen trotz allem enormer Druck – Leistungsdruck, Termindruck, Qualitätsdruck. All diese Faktoren widersprechen einem Klima von Freude, Kreativität und Arbeit, die nicht als Last, sondern als Lust empfunden wird.

Beispiel:

In meinem letzten Arbeitsbereich gab es ein Projekt zum Thema Fehlerkultur. Ziel sollte u. a. sein, die Kreativität der Mitarbeiter zu fördern, indem konstruktiv mit Fehlern umgegangen wurde. Grundsätzlich sind solche Ansätze natürlich sehr zu befürworten.

Mich frustrierte daran jedoch, dass ich als eigentlichen Grund für geringe Kreativität etwas völlig anderes wahrnahm: nämlich Zeit- und Termindruck. Mit dem Chef im Nacken, wann die Vorlage endlich fertig ist, wird die Luft für Kreativität sehr dünn. Hinzu kam, dass – bei aller Fehlertoleranz – die Zahlen natürlich stimmen mussten, was viel Raum für Abstimmung und „korrektes" Abbilden kostete und wenig Platz für Kreativität ließ.

Natur fördert Gesundheit, Konzentration und Kreativität

Neben mangelnder kreativer Entfaltungsmöglichkeit und persönlichem Freiraum ist eines der größten Mangelthemen für Berufstätige der Kontakt zur Natur, Aufenthalte in der Sonne oder einfach nur Zeit, um frische Luft zu genießen.

Gerade in der dunkleren Jahreszeit steigen die Menschen früh in ihr Auto, fahren in die Tiefgarage und besteigen dort nach neun oder zehn

Stunden ihr Fahrzeug wieder – so gut wie keine Zeit für Sonnenlicht, geschweige denn ein paar wertvolle Augenblicke im Grünen.

Kein Wunder, dass nicht nur Depressionen wachsen, sondern auch körperliche Beschwerden. In seinem bemerkenswerten Buch *Der Biophilia-Effekt* zeigt Clemens G. Arvay[30] anhand zahlreicher wissenschaftlicher Studien, wie wichtig Aufenthalte in der Natur für die menschliche Gesundheit sind.

Erholungszeiten in der Natur haben nicht nur körperlich und psychisch bemerkenswert positive Effekte, sie kurbeln auch die Kreativität an. So berichtet der Autor auch von einem Interview mit dem Popstar Michael Jackson, laut dem dieser viele seiner Lieder in einem seiner Lieblingsbäume sitzend geschrieben hat.[ebd., S. 15]

Auch die Konzentrationsfähigkeit kann durch Aufenthalte in der Natur gesteigert werden. Das Psychologenehepaar Kaplan erstellte eine Studie unter 1200 Büroangestellten. Dabei stellte sich heraus, dass diejenigen, die während der Arbeit aus einem Fenster Ausblick ins Grüne hatten, seltener an Konzentrationsschwierigkeiten und Frustration litten und im Durchschnitt mehr Freude an ihrer Arbeit hatten.[31]

Natürlich geht auch der schlichte Entspannungs- und Stressabbaueffekt verloren, wenn Mitarbeiter während ihrer Arbeit keine Möglichkeiten für wenigstens kurze Aufenthalte in der Natur haben. In der Mittagspause sitzen viele Menschen in überfüllten, häufig viel zu lauten Kantinen oder essen ihr Brot gleich am Arbeitsplatz. Für einen Spaziergang im Grünen ist oft weder Zeit noch Raum, zumindest bei Firmen in der Stadt.

Mein letzter Arbeitsplatz befand sich nahe dem Rhein. Wir versuchten häufig, nach dem Essen noch eine kleine Runde durch die Parkanlage am Rhein zu gehen. Manchmal, wenn ich an meinem Computer nicht mehr weiterkam und die äußeren Umstände es zuließen, nahm ich mir einen Schreibblock und ging in den Rheinanlagen spazieren, bis meine Gedanken klar waren und ich wusste, wie es weitergehen könnte. Das hat mir extrem geholfen, auch wenn diese Möglichkeit nicht immer bestand.

Wie können Sie die Kraft der Natur für den Erfolg Ihres Unternehmens konkret nutzen? Natürlich sind die Möglichkeiten hier für jedes Unternehmen sehr unterschiedlich, aber die eine oder andere Maßnahme lässt sich tatsächlich überall durchführen. Lassen sie sich einfach inspirieren und picken Sie sich heraus, was Ihnen gefällt.

Ideen für den Außenbereich des Unternehmens:

- Legen Sie einen kleinen Nutzgarten an, in dem Mitarbeiter zwischendurch zur Entspannung arbeiten und ernten dürfen. Selbst auf kleiner Fläche lassen sich hier schon kleine Obst- und Gemüsesnacks anbauen. Tolle Inspirationen liefern hierfür Ansätze aus der Permakultur.

- Sie können Hochbeete anlegen oder in größere Blumentöpfe einfach Kräuter, Beeren und andere Genusspflanzen setzen. Je mehr Platz und Raum dafür, desto besser.

- Je nach Größe und Art des Unternehmens können Sie (unter Berücksichtigung der geltenden Hygienevorschriften) vielleicht sogar selbst Gemüse für die eigene Kantine oder das Betriebsrestaurant bzw. Nutzpflanzen für Ihre Produkte anbauen.

- Wandeln Sie möglichst viel Fläche um das Unternehmen herum in garten- oder parkähnliche Landschaften, durchaus auch mit Nutzpflanzen – Ihre Mitarbeiter werden es Ihnen danken.

- Nutzen Sie ggf. Ihre Dachflächen zum Anlegen von Grünflächen. Das ist ein aktiver Beitrag zum Umweltschutz und für die Erholung Ihrer Mitarbeiter.

- Legen Sie überdachte, begrünte kleine Besprechungsoasen in Ihrem Außenbereich an, sodass Mitarbeiter im Sommer auch im Freien tagen und sich abstimmen können

- Fördern Sie Spaziergänge in die Umgebung, sofern es dort Grün gibt, nicht nur in den knapp bemessenen Pausen, sondern z. B. auch, um die Gedanken zu klären, um bilaterale Gespräche zu führen und Bewegung in stagnierende Themen zu bekommen usw., indem Sie dies als Vorgesetzter bewusst kommunizieren.

Ideen für den Innenbereich des Unternehmens:

- Stellen Sie so viele Grünpflanzen auf wie möglich. Hydrokulturen reduzieren den Pflegeaufwand.

- Vergeben Sie Pflegepatenschaften für die Mitarbeiter, die Interesse daran haben. Dies spart zusätzliche Ressourcen, sichert das Überleben der Pflanzen und gibt interessierten Mitarbeitern die Chance, auch während Ihrer Arbeitszeit etwas engeren Kontakt zu den Pflanzen aufzubauen.

- Hängen Sie möglichst Naturbilder an den Wänden auf statt sterilem Weiß, Grau oder anderen Bildern.

- Nutzen Sie Diffuser zum Verdampfen von natürlichen ätherischen Ölen. So kann geballte Pflanzenkraft direkt wirken. Viele ätherische Öle haben konzentrationsfördernde Wirkung, hellen die Stimmung auf und verbinden uns mit den positiven Eigenschaften von Pflanzen, weil wir die Terpene, die sonst z. B. im Wald auf uns wirken, auch über die ätherischen Öle aufnehmen können. Die Öle sollten allerdings nicht den ganzen Tag verdampft werden und die Sorte immer wieder gewechselt werden. Vor solchen Maßnahmen ist außerdem zu prüfen, ob es Angestellte gibt, die auf bestimmte Essenzen allergisch reagieren.

- Wie wäre es mit Naturbildern als Bildschirmschoner? In großen Firmen werden manchmal zentral Bildschirmschoner aufgespielt. So gab es bei meinem letzten Arbeitgeber Bildschirmschoner mit internen Neuigkeiten. Statt auch hier mit Input zu kommen, wäre eine entspannende Wirkung durch Naturbilder sehr förderlich.

- Achten Sie bei den Bürolandschaften darauf, dass möglichst viele Mitarbeiter Tageslicht bekommen oder sogar einen Blick ins Grüne erhaschen können. Nutzen Sie außerdem Vollspektrum-Leuchtmittel. In Räumen ohne Fenster sind vielleicht Lichtkuppeln in der Decke möglich.

10 Verschiedene Unternehmensbereiche und Aufgabenfelder

10.1 Strategie, Vision und Ziele setzen

Es wurde schon mehrfach erwähnt: Strategie und Führung sind enorm wichtig. Wenn das Top-Management beschließt, den Weg eines schwerelosen Unternehmens zu gehen, dann ist das eine wichtige Strategie, die sich in allen Unternehmensbereichen widerspiegelt. Ich empfehle, das gesamte Unternehmensleitbild aus der hier vorgestellten Perspektive neu zu überdenken und vor allem zu „durchfühlen". Dabei sollten im Wesentlichen die folgenden vier Bausteine überprüft werden:

1. Definition des grundsätzlichen Unternehmenszwecks

2. Festlegung der Markt- und Leistungsbereiche

3. Wertmaßstäbe der Unternehmensleitung und der gesamten Organisation

4. Einbeziehung der sozialen und natürlichen Umwelt

Es gibt in der Management-Literatur sehr viele Diskussionen und jede Menge Lesestoff zum Thema Vision / Mission / Unternehmensleitbild sowie zu den Definitionen, Bausteinen oder auch den Abgrenzungen voneinander. All das ist an dieser Stelle nicht wirklich wichtig. Mir geht es wie immer nicht um den „besten" theoretischen Ansatz, sondern um die Praxis.

Sofern Sie nicht gerade ein Unternehmen neu gründen, wird es bereits irgendwelche impliziten oder expliziten Aussagen dazu geben, was der eigentliche Zweck Ihrer Organisation ist. Eine Unternehmensvision, ein Mission Statement, ein Unternehmensleitbild oder einfach nur eine Aussage darüber, was das Unternehmen am Markt anbietet – ganz egal.

Was immer hierzu schon existiert, sollten Sie sich vornehmen und aus Sicht der „Schwerelosigkeit" überprüfen. Am besten gelingt auch das wieder mithilfe unserer Intuition. Sofern es nicht nur eine kurze Aussage als „Mission Statement" gibt, betrachten Sie einfach das Gesamtpaket und ggf. noch einmal jedes Statement bzw. jeden Unterpunkt einzeln. Gehen Sie die bereits bekannten Schritte durch:

Wenn dieses Unternehmensleitbild eine Energiewolke oder Ähnliches wäre, ist diese dann:

- hell oder dunkel?

- weit oder eng?

- leicht oder schwer?

- kraftvoll oder kraftlos?

- nach oben oder nach unten ziehend?

Nehmen Sie nach Möglichkeit, wenn Sie schon gut geübt sind, auch verschiedene Perspektiven ein, also z. B.:

Wie fühlt sich Ihr Unternehmensleitbild für

- Kunden,

- Mitarbeiter,

- Lieferanten,

- Politik,

- die Gesellschaft an sich und

- die Umwelt an?

Des Weiteren sollten Sie überprüfen, wie konsequent Sie Ihre eigentliche Mission tatsächlich leben und wie authentisch sie bei den Mitarbeitern ankommt – sprich: Ist es nur Wunschdenken oder auch gelebte Realität? Sehr häufig unterscheiden sich diese Dinge nämlich ganz erheblich – nicht nur in Unternehmen, sondern auch im menschlichen Alltag.

Wir können alle unsere Werte aufzählen, die uns wichtig sind: Freundschaft, Familie, Harmonie, Liebe und vieles mehr, aber wenn wir dann einmal ganz ehrlich schauen, wie viel Zeit wir am Tag für das Leben und Gestalten dieser Werte aufbringen, wie sehr wir sie im Alltag auch fühlen, dann staunen wir nicht schlecht.

Dann stellen wir fest, dass wir im „Hamsterrad des Alltags" oft in eine ganz andere Richtung laufen. Denn gefühlt wird für uns immer das wichtig, womit wir uns täglich beschäftigen. Und das sind – sowohl im Alltag als auch in Unternehmen – häufig nicht die Dinge, die wir vom Kopf her als wichtig und wertvoll ansehen.

Die Fokusoptimierung kann uns auch hier helfen zu erkennen, welchen Stellenwert die Unternehmensmission und die einzelnen Unternehmenswerte für einen einzelnen Mitarbeiter tatsächlich haben. Gehen Sie dafür durch folgenden Prozess:

Wenn der tatsächliche Stellenwert unserer Unternehmensmission im Alltag eine Energiewolke wäre, wäre diese dann:

- hell oder dunkel?

- weit oder eng?

- leicht oder schwer?

- kraftvoll oder kraftlos?

- nach oben oder nach unten ziehend?

Erhöhen Sie ggf. die Energie. Sie können mit diesem Umsetzungsprozess auch jeden einzelnen Unternehmenswert oder jedes Teilstück Ihres Unternehmensleitbildes anschauen.

Natürlich ist durch diese energetische Vorarbeit noch nicht alles getan, aber ein guter Boden bereitet. Denn grundsätzlich gilt: Heben Sie erst die Energie an und machen Sie sich erst dann physisch ans Werk.

Ich möchte für die Entwicklung / Überarbeitung eines Unternehmensleitbildes aus Sicht eines schwerelosen Unternehmens hier ein paar praktische Tipps geben und gehe dafür noch einmal die eingangs erwähnten Bausteine für ein Unternehmensleitbild durch. Sofern in Ihrem Unternehmen solche Aussagen fehlen, können Sie diese Hinweise auch nutzen, um die Lücken zu füllen und das Leitbild neu auszuarbeiten. Dieses sollte aber nicht als etwas Statisches, „in Stein Gemei-ßeltes" verstanden werden, sondern als etwas Lebendiges, sich Wandelndes.

Sehen Sie Ihr Unternehmensleitbild eher als die Samen, die Sie säen wollen und die dann gemäß den äußeren Bedingungen und mit Ihrer Hilfe wachsen, gedeihen und Früchte tragen. Brian Robertson prägte in seinem Selbstorganisationsansatz *Holacracy* auch den Begriff des „evolutionären Sinns"[32], was ungefähr einem solchem hier vorgeschlagenen lebendigen Bild entspricht.

Die Definition des grundsätzlichen Unternehmenszwecks ist hierbei der wichtigste Schritt. Er ist für ein schwereloses Unternehmen insofern besonders wichtig, weil der Unternehmenszweck nicht nur den Sinn der Organisation beschreibt – er gibt auch den Mitarbeitern einen Sinn in ihrer Arbeit. Er ist quasi das Herzstück des Unternehmens – das, woran sich alles andere ausrichtet. Mitarbeiter werden sich umso besser mit dem Unternehmen identifizieren und für ihre Aufgaben motiviert sein, je stärker sie sich mit dem Zweck des Unternehmens identifizieren können. Dazu gehört, dass sie diesen Sinn erkennen und im Alltag erleben können. Denn ein Statement, das auf dem Papier steht, aber nicht gelebt wird, bringt nur Frust statt Freude.

Die Formulierung des Unternehmenszwecks sollte daher so gewählt werden, dass sie leicht verständlich ist, das Gefühl der Menschen erreichen kann und dem Unternehmen eine breite Entfaltungsmöglichkeit im Sinne eines evolutionären, lebendigen Systems bietet.

Grundsätzlich ist für mich der Unternehmenszweck weitgehend unabhängig vom konkreten Leistungsbereich. Ein Beispiel:

Ein Unternehmen, das Bio-Schokolade herstellt, könnte als Unternehmenszweck haben, Menschen gesunde Genussmomente zu verschaffen und Freude in den Alltag zu bringen, vielleicht nach dem Motto: *Wir versüßen das Leben auf gesundem Weg.* Das wäre der reine Unternehmenszweck.

Der Markt- und Leistungsbereich kann darauf aufbauend dann jederzeit strategisch angepasst und ausgebaut werden. Von reiner Schokoladenherstellung mit wertvollen Biozutaten hin zu allen möglichen anderen kakaobasierten Genussmitteln wie Getränkepulver, Puddingpulver, Pralinen, Brotaufstrich u. Ä.

Grundsätzlich wäre unter einem solchen Unternehmenszweck auch eine Ausweitung des Portfolios auf gesundheitsverträgliche Bonbons, Gummibärchen, Marmeladen u. Ä. möglich. Immer noch bleibt dabei der Unternehmenszweck der Gleiche: Menschen das Leben zu versüßen, ohne die Gesundheit zu versalzen. Für das Unternehmensleitbild wäre der grundsätzliche Daseinszweck noch der Gleiche, aber das Leistungsspektrum würde durch ein neues Schwerpunktportfolio erweitertet, z. B. Fruchtgummi-Produkte aus Bio-Anbau.

Ob sich ein solches zweites Standbein lohnt, können wir intuitiv gut wahrnehmen. Gehen wir einmal davon aus, dass die Energie des Gedankens, bei kakaobasierten Produkten zu bleiben, sich gut anfühlt, aber die Energie für ein reines Schokoladenportfolio sehr eng ist, dann könnten wir unsere Produktpalette z. B. um sehr innovative, leckere, palmölfreie Schokobrotaufstriche erweitern.

Das ergänzte Unternehmensleitbild (Zweck + Leistungsspektrum) könnte dann z. B. so lauten: *Wir verschaffen Menschen gesunde Genussmomente und Freude im Alltag auf Basis von Kakaoprodukten.* Für die Kommunikation nach außen könnte das Motto dann z. B. lauten:

Gesunde Genussmomente – entdecken Sie die Vielfalt der Kakaobohne.

Neben dem Leistungsspektrum spielen die Wertmaßstäbe einer Organisation – der dritte Baustein – eine wichtige Rolle.

Wie fühlen sich unsere gelebten Werte an? Vielleicht stellen wir nach der energetischen Betrachtung fest, dass wir auf dem Papier schon sehr passende Werte haben, z. B. Wertschätzung für alles Leben auf der Erde, Loyalität und Integrität, Offenheit und Ehrlichkeit. Aber trotzdem fühlen sich diese Werte noch schwer und dunkel an.

Dann könnten wir uns die Frage stellen, wie wir diese Werte besser in unserer Organisation leben können. Hierfür können die Kapitel dieses dritten Buchteils zur Hilfe genommen werden, z. B.: Wie offen und ehrlich kommunizieren wir? Wie stark identifizieren sich die Mitarbeiter mit unserem Unternehmen? Wie oft und in welcher Form wertschätzt die Führung die Leistung der Mitarbeiter?

Die wichtigsten Werte sind Teil des Unternehmensleitbildes und lassen sich in diesem Fall gut mit dem letzten Baustein integrieren. Denn dieser schließt eng an den Aspekt der Werte an: Wie weit integrieren wir schon wichtige Belange der sozialen und natürlichen Umwelt? Dabei geht es nicht einfach nur um einzelne gesellschaftliche Engagements, sondern darum, dass die natürliche Umwelt und die Beachtung von Sozialstandards Kernbestandteil der Unternehmensstrategie sind. Das kann z. B. durch Fair-Trade-Produktion in Verbindung mit Bio-Standards geschehen, durch Einsatz von Kakaobohnen von kleinen Unternehmen oder sogar Kleinstbauern, die Förderung von Permakultur in Ländern, wo Kakaobohnen wachsen, u. v. m.

So könnte die Kurzfassung des Unternehmensleitbildes dieses Fantasie-Unternehmens lauten:

Unser Team von Schokofuture schafft liebevoll-kreative Genussmomente im Einklang mit Mensch und Umwelt.

Natürlich gehören noch mehr und detailliertere Aspekte in die Unternehmensstrategie – hierzu ließe sich ein eigenes Buch schreiben. Aber mit dem hier vorgeschlagenen Vorgehen können Sie Ihre eigene Innovationsstrategie ebenso wie jeden anderen Teil Ihres Unternehmens und der Unternehmensstrategie genauer unter die Lupe nehmen. Und je besser das „Spüren und Antworten" in Ihrem Unternehmen bereits etabliert ist, desto weniger müssen Strategie, Planung und Ausrichtung fixiert werden. Stattdessen können sich diese Bereiche gemäß dem Umfeld frei entfalten.

Meine Empfehlung ist, dass sie diese Betrachtungen schrittweise durchführen, so wie es für Sie stimmig und passend ist.

10.2 Marktstudien, Marketing & Co.

Vor allem in großen Unternehmen wird viel Wert auf Marktstudien gelegt, um die Kunden besser zu verstehen und möglichst genau zu erkennen, was diese wollen, wie viel Geld sie bereit sind auszugeben und Ähnliches. Die Prognosemöglichkeiten werden immer besser und angesichts der Komplexität einer Kaufentscheidung ist es erstaunlich, welche Ergebnisse solche Datenauswertungen liefern können.

Dennoch birgt das Vertrauen in Marktstudien gewisse Risiken, denn es muss immer von der Vergangenheit in die Zukunft projiziert werden. Besonders kritisch wird das bei Innovationen und bei Branchen mit häufig wechselnden Produkten wie z. B. der Modeindustrie.

Das folgende Fallbeispiel aus meiner eigenen beruflichen Praxis soll das veranschaulichen.

Fallbeispiel:

Ich hatte das Glück, einige Jahre lang mit einem der erfolgreichsten deutschen Unternehmer der Bekleidungsindustrie zusammenzuarbeiten. Klaus Steilmann, Begründer der Steilmann-Gruppe, gehörte zu den Bilderbuch-Familienunternehmern, die sich selbstständig hochgearbeitet und früh Unternehmergeist bewiesen und auf diesem Weg ein ehemals sehr erfolgreiches Unternehmen aufgebaut haben. Mit seinem Slogan „Mode für Millionen, nicht für Millionäre" und einem treffsicheren Bauchgefühl für Marktbedarf erreichte er noch im Jahr 1998 einen Umsatz von 1,45 Mrd. DM mit 3.500 Beschäftigten in Deutschland und 18.200 Beschäftigten im Ausland.

Ende der neunziger Jahre begann jedoch der Abstieg des Unternehmens. Äußerlich war sicherlich der Globalisierungsdruck die Hauptursache. Meiner Meinung nach spielte aber ein weiterer Faktor eine wesentliche Rolle: Der Erfolg des Unternehmers Klaus Steilmann hing sehr stark an seiner Persönlichkeit und seinem hervorragenden Marktgespür. Er verfügte über eine unglaublich gute Intuition und vertraute seinem Bauchgefühl. Je mehr das Unternehmen wuchs und je älter Klaus Steilmann wurde, desto größer wurde der Druck eines Machtwechsels.

Ob das Bauchgefühl des Unternehmers aufgrund persönlicher Verbundenheit – wie bei Wikipedia nachzulesen – versagte, als es um frühzeitige Entscheidungen zum Auslagern der Produktion in andere Länder ging, lässt sich heute natürlich nicht mehr explizit klären. Aber weder der 1999 eingesetzte neue Geschäftsführer noch seine später einsteigenden Töchter konnten – trotz Ihrer individuell hervorragenden Fähigkeiten – das fehlende Marktgespür des Gründers wettmachen. Das Bauchgefühl machte Marktanalysen Platz, und damit begann letztlich der Abstieg dieses erfolgreichen Familienunternehmens. Handfestes Management statt intuitiver Unternehmensführung aus dem Herzen –

ein Problem, dem viele Familienunternehmen früher oder später gegen-
überstehen.

Sicherlich ist es ab einer gewissen Größe notwendig, neben dem
Bauchgefühl und dem Herzen Managementmethoden einzusetzen, Informationen über Märkte zu beschaffen und Ähnliches. Aber am Ende
können wir noch so viele Fakten zusammentragen – unser Verstand
kann doch nie in die Zukunft blicken, die unglaubliche Menge an Informationen kaum sinnvoll verarbeiten und überblicken. Und sehr oft
zeigt sich, dass hier das Bauchgefühl viel treffsicherer ist als jede Analyse.

Marketing – wie komme ich schwerelos an Kunden?

Im klassischen Marketing gibt es viele Ansätze, die versuchen, in irgendeiner Form den Kunden zu überlisten, indem man ihn z. B. dazu
bewegt, etwas mehr zu kaufen, als er eigentlich braucht, oder einen
Traum zu kaufen, der sich im Nachhinein als der Traum eines anderen
erweist, oder indem man seine Intuition so anspricht, dass sich das
Produkt gut anfühlt u. v. m. Veit Lindau nennt das in seinem Video-Bei-
trag „Authentisches Marketing" schlichtweg Ausbeutung.[33]

Solche Marketing- und Verkaufsstrategien haben vor dem Hintergrund
dieses Buches wenig Bestand. Werbung kann unsere Intuition stark beeinflussen – dieses erste, oberflächliche Gefühl, das schreit: „Au ja, das
will ich auch haben!" In dem Moment, wo Werbung uns stark beeinflusst, sind wir emotional nicht mehr neutral, und damit funktioniert
unser Bauchgefühl nicht mehr richtig. Wir kaufen etwas, das wir in
Wirklichkeit nicht wollen oder brauchen.

Wenn wir die Dinge, die wir kaufen, mithilfe der Sprache der rechten
Gehirnhälfte anschauen, können wir hinter diese Illusion schauen.
Dann sehen wir, was wirklich an dem Produkt dran ist, was uns wirklich
guttut und was wir wirklich wollen.

Je bewusster wir werden, desto schneller werden wir merken, wenn
wir versucht sind, etwas zu kaufen, das uns gar nicht wichtig ist, oder
wir merken es sehr schnell hinterher, ohne in die klassischen Fallen der

„konjunktiven Dissonanz" zu tappen – sprich, uns den Kauf unbewusst schönzureden. Wir spüren dann: „Mist, das hab ich mir jetzt aufschwatzen lassen." Daran lernen wir und können wachsen, wenn wir diesen Prozess bewusst gehen.

Sehr wahrscheinlich ist, dass wir bei Firmen, bei denen wir solch einen unbewussten „Fehlkauf" gelandet haben und uns das bewusst wird, nicht mehr so gern oder überhaupt nicht mehr kaufen.

Das bedeutet für Firmen, dass eine authentische und integre Produktaussage und möglichst wenig manipulative Verkaufsstrategien in Richtung Kunden das A und O des Marketings eines schwerelosen Unternehmens ist. Das heißt, es wird nur das versprochen, was wirklich gehalten wird. All das darf dann natürlich nach allen Regeln der Kunst wunderschön verpackt werden, sodass der Kunde die Chance hat, darauf aufmerksam zu werden.

Aber eine hübsche Verpackung eines Haufens Mist kann vor dem bewussten Kunden nicht verschleiern, dass nur Mist in der Verpackung ist, und selbst wenn der Kunde sich einmal zum Kauf hinreißen lässt – ein zweites Mal wird ihm dieser Fehler wahrscheinlich nicht passieren.

Natürlich ist es eine gewisse Herausforderung, bei dem Lärm, den die Werbung in den Köpfen der Kunden verursacht, auch leisen, authentischen Werbebotschaften Gehör zu verschaffen.

Ich glaube, dass man hier eher alternative Wege einschlagen sollte, z. B. Bekanntschaft über Social Media – denn Produkte, die wirklich gut sind, werden von ihren Fans sogar aktiv und kostenlos beworben und finden schnell einen großen Freundeskreis.

Es geht bei der Zukunft des Marketings m. E. weniger um Manipulation als um Kommunikation, um Bekanntheit im Sinne einer wirklich guten Öffentlichkeitsarbeit, das heißt: viel PR und wenig bis keine reine Werbung. Und natürlich: Energien erhöhen. Viele Selbstständige, die nebenbei gelernt haben, ihre Energie zu erhöhen, berichten über wesentlich bessere Umsätze. Kunden kommen mit Leichtigkeit, weil sie sich von den Produkten, den Dienstleistungen oder dem Unternehmensstil angezogen fühlen – und nicht, weil sie sich überreden lassen.

Fallbeispiel:

Dass außergewöhnliche Schritte auch eine erstaunliche Werbe- und Umsatzwirkung haben können, zeigt das Beispiel des Amerikaners Dan Price, Gründer und Geschäftsführer von Gravity Payments. Im Jahr 2015 ging dieser einen ungewöhnlichen Schritt: Er reduzierte sein eigenes (wenn auch laut Medien sehr überzogenes Gehalt) auf 70.000 Dollar und erhöhte gleichzeitig das Gehalt aller Mitarbeiter auf den gleichen Wert. Auch wenn dieser Schritt Medienberichten zufolge nicht so selbstlos war, wie er klingt, sondern möglicherweise einem drohenden Rechtsstreit mit seinem Bruder entgegenwirkte – er sorgte für großes Aufsehen.

Offiziell gab Dan Price an, dass er in einem Bericht gelesen habe, dass 70.000 Dollar die Grenze sei, ab der Mitarbeiter ein glückliches und weitgehend sorgenfreies Leben führen könnten. Auch wenn tatsächlich nicht alle Mitarbeiter glücklich über den Schritt waren (einige fühlten sich aufgrund der Gleichbehandlung gekränkt) und es Zweifel gab, wie die Kunden diesen Schritt aufnehmen würden, erwies er sich als geschickter Schachzug. Das Unternehmen verzeichnete seit diesem Schritt massiven Zuwachs an Kunden und steigenden Umsatz. Gravity Payments bekam eine nie dagewesene Präsenz in den Medien.

Und für Dan Price zahlte sich der Schritt doppelt und dreifach aus – denn die Mehrheit der Mitarbeiter war so dankbar für die neue Gehaltspolitik ihres Chefs, dass sie zusammenlegten und ihm einen nagelneuen Tesla kauften.

Niemand weiß, ob der reine Marketingeffekt bewusst gewählt war. Dan Price sagte selbst in einem Interview: „Wenn, dann bin ich ein Genie." Und das ist er in der Tat.

Was für mich aus den Interviews ebenfalls herausklingt: Egal, welche Motive Dan Price tatsächlich bewogen haben mögen, diesen Schritt zu gehen – er zeigt, wie viel Commitment, Freude und positive Energie er damit seinem Unternehmen und letztlich auch den Kunden gebracht hat. Das wiederum könnte ein Anreiz für Nachahmer werden.

Veit Lindau spricht in dem bereits erwähnten Interview von einer zweiten Stufe des Marketings, nach der „Ausbeutung" des Kunden: der Kooperation. Kunde und Anbieter werden Partner in Bezug auf das Produkt oder die Dienstleistung, die Bedürfnisse des Kunden werden gesehen und einbezogen. Dieses Szenario wird bereits heute in Gestalt des „Social Marketing" Realität. Wirklich authentisches Marketing entsteht aber erst im dritten Schritt, wenn Anbieter und Kunde gemeinsam etwas erschaffen, von Mensch zu Mensch (Subjekt zu Subjekt) und nicht von Produkt zu Geld (Objekt zu Objekt). Wie auch in den Ideen von John Strelecky[27] geht es darum, den tieferen Sinn sowohl des Angebotes als auch der Nachfrage zu entdecken. Anbieter müssen dann keine Fassaden mehr aufbauen. Sie präsentieren sich mit ihrem ganz individuellen Kern, dem, was sie ausmacht, und die Entwicklung einer Dienstleistung oder eines Produktes geschieht wirklich zum beiderseitigen Nutzen, der weit über finanzielle Werte hinausgeht. Dieser dritte Schritt ist insbesondere für Selbstständige und Kleinunternehmer wichtig. In Großunternehmen geht die persönliche Beziehung von Mensch zu Mensch zwangsweise ein Stück weit verloren, aber auch dort kann sie sicherlich, wenn gewünscht, durch entsprechend authentische Kommunikation wieder entstehen.

Natürlich spielt auch beim Thema Kundengewinnung unser Fokus eine wichtige Rolle. Durch gezielte Energieerhöhung gelingt es gerade Selbstständigen häufig, die Auftragseingänge unbewusst so zu optimieren, dass immer genügend Aufträge da sind, aber auch nicht zu viel Last auf einmal. Um das zu nutzen, sollten Sie aber auch den Mut haben, sich alle Aufträge und Anfragen genau anzuschauen und einen Auftrag, der sich nicht gut anfühlt, einfach einmal abzulehnen.

Fallbeispiel: intuitive Auftragssteuerung

Eine Übersetzerin, die über die Bodo-Deletz-Akademie gelernt hat, ihren Fokus auf den verschiedenen Ebenen bewusst auszurichten, berichtet:

„Seit ich das Thema Maßstäbe (Mentalebene) umgesetzt hatte (also: Wie viel Geld habe ich und wie viel bräuchte ich theoretisch nur, um zu überleben?), war die erste Gewinnsteigerung zu verzeichnen. Ich bekam von Agenturen, bei denen ich mich z. T. Jahre vorher beworben hatte, auf einmal (mehr) Anfragen. Und ich hatte tatsächlich das Gefühl, dass ich weit über dem Lebensnotwendigen verdiene – auch wenn es in

manchen Monaten ‚knapp' war, verhungern und ohne Wohnung dastehen würde ich nicht.

Während ich früher bei einwöchigen Auftragsflauten regelrecht Panik
hatte, sagte mir nun mein Verstand, dass es total unwahrscheinlich ist,
dass sich die nächsten fünf Wochen keiner meiner Kunden mehr mel-
det, und ich konnte die Auszeiten auch endlich genießen. Und genauso
gestaltete sich auch meine Realität. Es wurden immer mehr Aufträge.
Ich wertschätzte auch immer wieder meine Lieblingskunden und das
Schöne an meiner Arbeit, und prompt kamen Aufträge genau von diesen Kunden.

Der ganz große Durchbruch kam dann mit den Emotionalenergien (also
den Filtern auf emotionaler Ebene) – da ging es, glaube ich, auch noch
mal um Geld und Anforderungen an den Lebensstandard. Seitdem ist
meine Auftragslage konstant sehr gut, ich muss schon sehr viele Aufträge ablehnen, weil es so viele sind. Nicht nur das – es genügt mittlerweile, dass ich nur daran denke, welche Aufträge ich mir für wann in wel-
chem Umfang wünsche oder mittlerweile auch mal nicht wünsche, weil
ich frei haben will. Die „Lieferungen" sind so prompt, dass es einfach
nur immer wieder ein Wunder ist – ich erhöhe kaum noch bewusst die
Energie!

Das hat natürlich wiederum zur Folge, dass ich mich einfach nur perfekt
versorgt fühle und total im Vertrauen bin, ein positiver Kreislauf sozusagen. Inzwischen nehme ich Aufträge nur noch nach dem Bauchgefühl
an, auch wenn mein Verstand protestiert, der Bauch hat immer Recht:
Wenn ich einen großen Auftrag ablehne, weil er sich nicht gut anfühlt,
kommt oft fünf Minuten später ein tausend Mal besserer."

Das Beispiel zeigt sehr deutlich, dass die Klärung der Wahrnehmungsfilter – gerade auch auf emotionaler Ebene – sehr gut hilft, den Fokus
dauerhaft ins Positive zu richten. Das stärkt das innere Vertrauen, die
Ausstrahlung gegenüber Kunden, die innere Gelassenheit und vieles
mehr. Und häufig entwickelt sich dann auch die Realität entsprechend.

10.3 Authentische Kommunikation intern und extern

Nach allem, was Sie bereits gelesen haben, denken Sie sicherlich: „Alles klar – ich weiß, was kommt: Nur positive Nachrichten verbreiten.“

Aber genau darum geht es nicht! Denn das führt schnell zu Schönfärberei, von der sich als Allererstes Mitarbeiter veräppelt vorkommen. *The European* bringt es kritisch auf den Punkt: „Kommunikation in Unternehmen besteht oft nur noch aus positiven Phrasen. Wenn Mitarbeiter dann zynisch werden, ist es meistens schon zu spät.“[34]

Vertrauen und Offenheit sind eine Frage der Unternehmenskultur

Wie offen – sowohl intern als auch extern – mit Informationen umgegangen wird, ist eine Frage der gelebten Unternehmenskultur. Dabei müssen nicht alle internen Konflikte und Probleme an die Öffentlichkeit gelangen.

Der wichtigste Schritt hin zu einer authentischen und offenen Kommunikation liegt meines Erachtens darin, innerhalb des Unternehmens einen geschützten Rahmen zu haben, in dem über alles offen gesprochen werden kann – und zwar in beide Richtungen (also vom Mitarbeiter zum Manager und umgekehrt).

Sicherlich steht in fast allen Unternehmensstatuten, Strategiepapieren, Leitlinien oder Commitments zur Unternehmenskultur etwas von Integrität, Offenheit, Ehrlichkeit, Kollegialität und Ähnlichem. Auch bei meinem letzten Arbeitgeber gab es Unternehmensleitlinien, die Basis unseres Handelns sein sollten. Aber die Frage ist, wie weit diese Leitlinien dann auch gelebt werden.

Das Management wird nur dann direkte, offene Informationen von den Mitarbeitern bekommen, wenn es:

1. dieses Verhalten vorlebt,

2. niemand Sanktionen zu befürchten hat, wenn „schlechte“ Nachrichten übermittelt werden,

3. eine Kultur der Lösungssuche herrscht, nicht der Schuldzuweisung,

4. eine offene Fehlerkultur existiert und

5. Mitarbeiter keine finanziellen Einbußen (z. B. bei Zielerreichungs-prämien) zu befürchten haben, wenn sie problematische Situationen offen auf den Tisch legen.

Ich hatte manchmal das Gefühl, dass das Management gar nicht die Wahrheit wollte, sondern geschönte Informationen. Natürlich sollten Mitarbeiter und mittlere Führungskräfte das Top-Management nicht permanent mit kleinen Problemen belästigen, sondern erst einmal selbst eine Lösung finden. Aber auch hier beginnt schon das Thema Offenheit. Ich kann in Statusberichten die Fahnen hochhalten und sagen, es sei alles im grünen Bereich – in der Hoffnung, die Dinge ausgeregelt zu bekommen – oder ich kann kurz informieren, welche Herausforderungen gerade anstehen und wie ich gedenke, diese zu lösen.

Es erfordert sicherlich einiges an Fingerspitzengefühl, um die Aufmerksamkeit nicht ständig auf Probleme zu lenken, aber diese auch nicht schönzufärben – eine Fähigkeit, die wachsen kann, die sich entwickeln und kultivieren lässt.

Genauso wichtig ist es, dass auch „von oben nach unten" offen kommuniziert wird. Nichts ist unangenehmer für die Mitarbeiter, als wenn sie kritische Nachrichten erst aus der Presse erfahren. Oder der Flurfunk trägt die Informationen im Stil der „stillen Post" weiter – wobei wichtige Fakten oft verzerrt werden und der Dreck so richtig breitgetreten wird.

Den Fokus im Positiven zu lassen bedeutet daher *nicht*, die Realität zu ignorieren! Wie können Sie also positiv kommunizieren, auch wenn es gerade mal nicht so rund läuft?

Die gute Nachricht ist: Wenn Sie die Vorschläge dieses Buches berücksichtigen und umsetzen, wird es immer weniger schlechte Nachrichten geben.

Und treffen diese doch einmal ein, dann konzentrieren Sie sich bei Ihrer Kommunikation auf die positiven Aspekte, auf das, was immer noch gut läuft, und auf die Lösungsansätze. Wühlen Sie nicht im Dreck, was alles schiefgelaufen ist und nicht stimmt, sondern zeigen Sie, was Sie jetzt anders machen möchten, welche Verbesserungen Sie sich davon versprechen und welche Ziele Sie verfolgen. Und wenn es noch keine Lösungsansätze gibt, signalisieren Sie Motivation, diese zu finden, und beziehen Sie die Mitarbeiter in diesen kreativen Prozess ein.

Um wirklich ehrlich und dennoch positiv kommunizieren zu können, ist es wichtig, dass wir selbst eine offene Sichtweise auf die Entwicklungen im Unternehmen haben. Sehr häufig stecken in scheinbar schlechten Nachrichten positive Aspekte, sogar Geschenke. Daher ist das Allerwichtigste, dass jeder Mitarbeiter und noch viel mehr jede Führungskraft fähig ist, bei allen Arten von Problemen und Dingen, die nicht so laufen wie gewünscht, eine höhere Perspektive einzunehmen.

Neben der Fokusoptimierung können dabei auch Fragen helfen, wie z. B.:

- Was ist das Positive an dieser Entwicklung?

- Wie könnte uns diese Situation / Entwicklung nützlich sein?

- Wie können wir das, was sich zeigt, für uns nutzen?

- Wo ist das Geschenk in der Situation versteckt und was braucht es, damit ich das sehen kann?

- Wie kann sich das Thema jetzt mit Leichtigkeit lösen?

Wenn solche Fragen in den Raum gestellt werden, kommen die Antworten auf den verschiedensten Wegen zu uns – wir brauchen nur die Augen und Ohren offen zu halten. Und sobald eine Antwort eintrifft, können wir kommunizieren.

Ist es ganz vertrackt, kann es sich auch lohnen, solche Fragen in einer internen Kommunikation zu posten und so alle Mitarbeiter mit ins Boot zu holen, wenn es darum geht, das Beste aus der aktuellen Lage zu machen. Holen Sie sich Ideen von Ihren Mitarbeitern! Die meisten Menschen sind dankbar, wenn sie etwas beisteuern können, und oft liegen Talente verborgen, von denen die Chefs noch nicht einmal etwas ahnen. Nutzen Sie das ganze Potenzial Ihrer Mannschaft.

Um zu erkennen, ob Sie mit einer Kommunikationsmaßnahme grundsätzlich in eine positive Richtung zielen, prüfen Sie bei jeder Kommunikation, die hinausgeht – egal ob intern oder extern –wie sie sich anfühlt. Hinterlässt Sie ein unangenehmes Gefühl oder ein positives? Auch eine Kommunikation zu einer schwierigen Lage kann sich gut anfühlen, wenn sie zeigt, wie der Weg hinaus aussieht, wenn das Licht am Ende des Tunnels sichtbar und fühlbar wird und der Status quo nicht verschleiert wird.

Mitarbeiter wertschätzen es, Fakten zu erfahren und objektive Informationen zu bekommen. Sie schätzen es, ihre Vorgesetzten als ehrlich, menschlich und nicht immer „allwissend" zu erleben und in die Lösung gemeinsamer Probleme einbezogen zu werden.

Letztlich gelten ähnliche Maßstäbe – allerdings mit noch mehr Fingerspitzengefühl – auch für die Kommunikation nach außen. Diese wird aber automatisch umso authentischer sein, je offener innerhalb des Unternehmens mit allen Themen umgegangen wird. Letztlich kommt bei den Kunden – egal ob direkt oder indirekt (auf Gefühlsebene) immer an, wie ehrlich ein Unternehmen tatsächlich ist.

Kommen dunkle Stellen in einem Unternehmen ans Tageslicht (wie z. B. bei dem VW-Skandal um gefälschte Abgaswerte), ist der Schaden in der Öffentlichkeit immens, besonders, wenn Aspekte davon vorher geleugnet wurden.

Daher sind meine Empfehlungen für die Kommunikation nach außen:

1. Prüfen Sie sehr sorgfältig, welche Themen überhaupt nach außen kommuniziert werden sollen.

2. Fragen Sie sich dabei immer, was es Ihrem Unternehmen und den Kunden bringt, wenn Sie diese Information jetzt nach außen geben.

3. Spüren Sie selbst möglichst intuitiv nach und fragen Sie ggf. außenstehende Vertrauenspersonen (z. B. den Ehepartner), wie eine Kommunikation wirkt, da wir manchmal „betriebsblind" werden.

4. Erhöhen Sie vorab die Energie zu dem Thema (z. B. mit der Fokusoptimierung). Wenn sich die Energie nicht erhöhen lässt, überarbeiten Sie den Text noch einmal, bis er sich wirklich stimmig anfühlt.

10.4 Verstärkt ein intuitiver, gefühlsbasierter Ansatz „postfaktische" Tendenzen?

Im Jahr 2016 wurde das Wort „postfaktisch" (abgeleitet aus dem Englischen „post-truth") Wort des Jahres. Als ich meinem Vater von diesem Buchkonzept erzählte und dass es dabei unter anderem darum geht, mehr auf das „Bauchgefühl" und die Intuition zu hören, meinte er in etwa: „Du willst dem Postfaktischen also noch mehr Raum geben?" Er war alles andere als begeistert. Ich musste – zugegeben – erst einmal nachfragen, was denn damit genau gemeint war.

Das Wort beschreibt Situationen, in denen letztlich die Wahrheit ignoriert wird. Die *Welt* gibt die Begründung der „Gesellschaft für deutsche Sprache" zum Wort des Jahres 2016 wie folgt wieder:

„Das Kunstwort ‚postfaktisch' verweise darauf, dass es in politischen und gesellschaftlichen Diskussionen heute zunehmend um Emotionen anstelle von Fakten gehe. Immer größere Bevölkerungsschichten seien in ihrem Widerwillen gegen ‚die da oben' bereit, Tatsachen zu ignorieren und sogar offensichtliche Lügen bereitwillig zu akzeptieren. Nicht der Anspruch auf Wahrheit, sondern das Aussprechen der ‚gefühlten Wahrheit' führe im ‚postfaktischen Zeitalter' zum Erfolg." [35]

Ich widme diesem Thema hier einen eigenen Abschnitt, weil mir die Klarstellung wichtig ist, dass es bei meinem hier vorgestellten Ansatz in keiner Weise darum geht, die Wahrheit zu ignorieren. Es geht auch nicht darum, sich blindlings von Gefühlen steuern zu lassen, sondern darum, Gefühle als Barometer zu nutzen, um unsere eigenen, tiefliegenden Wahrheiten zu erkennen. Diese stehen in aller Regel *nicht* im Widerspruch zur faktischen Wahrheit, sondern offenbaren, wie wir mit der faktischen Wahrheit innerlich umgehen und wie wir diesen Umgang optimieren können.

Vielleicht kann das hier vorgestellte Wissen auch helfen zu verstehen, warum dieses „postfaktische" Verhalten sich immer öfter durchsetzt, warum Menschen die Fakten ignorieren, warum Männer, die offensichtlich Lügen verbreiten, zum Präsidenten gewählt werden, wo uns doch „Du sollst nicht lügen" von klein auf als Tugend eingetrichtert wird.

Noch ein Wort zum Begriff: Ich finde das deutsche Wort „postfaktisch" insofern treffender als das Englische „post-truth" weil ich es anmaßend finde, dass irgendjemand glaubt, „die" Wahrheit zu kennen. Aber Fakten bleiben Fakten und es ist durchaus berechtigt, zu fragen, warum so viele Menschen offensichtliche Fakten entweder ignorieren oder ungeachtet dieser Faktenlage ihre Entscheidungen treffen.

Meine Theorie hierzu lautet (und das ist eine ganz persönliche Sichtweise), dass der Hauptgrund für dieses Handeln darin liegt, dass sehr viele Menschen den Fokus ihrer Aufmerksamkeit extrem nach unten gerichtet haben. Ihr ganzes Sein liegt in Schwere, Dunkelheit, Enge und Leblosigkeit gefangen – und das nicht etwa, weil diese Menschen alle Hunger leiden. Selbst wenn es soziale Probleme gibt – wir sprechen hier über Länder, in denen bei einem Großteil der Bevölkerung die Grundbedürfnisse sicherlich erfüllt sind.

Aber Angst, scheinbare Zwänge und gefühlte Missstände sorgen dafür, dass der Fokus weit unten hängen bleibt. Diese Menschen können die hellen, weiten Möglichkeiten gar nicht wahrnehmen. Aufgrund der oben erklärten Widersprüche zwischen den Gehirnhälften empfinden diese Menschen die Ängste, Zwänge und Missstände die sie wahrnehmen, unbewusst als tatsächlich lebensbedrohlich. Das heißt, ihr Emotionalgehirn reagiert mit diesen elementaren negativen Gefühlen aufgrund ihrer Beurteilung der Situation, die im Normalfall viel schlechter ausfällt, als sie aus Überlebenssicht tatsächlich ist.

Mit diesem negativen Fokus und schlechten Gefühl klammern sich die Menschen jetzt an jeden scheinbaren Hoffnungsschimmer. Die Funktionen des Großhirns werden weitestgehend ausgeschaltet – es kommt zum Flucht-, Totstell oder Kampfmodus. Kampf kann z. B. heißen: Ich wähle irgendetwas, das anders ist als alles, was wir schon hatten – egal wie schlimm es in Wirklichkeit ist. Das war zum Großteil auch der Grund für den „Brexit"-Beschluss in Großbritannien – die Menschen wollten protestieren, aber kaum jemandem war bewusst, was wirklich passieren würde, wenn diese Abstimmung erfolgreich wäre und Großbritannien aus der EU austreten würde.

Wenn ein Mensch im Kampfmodus steht, ist ihm oft jedes Mittel recht. Eine neutrale Beurteilung durch unseren Verstand ist in so einem Zustand nicht mehr gegeben. Und letztlich entsprechen diese angeblichen Auswege einfach der aktuellen energetischen Ausstrahlung dieser Menschen. Sie glauben, etwas zu wählen, das ihnen zu etwas Besserem verhilft, aber in Wirklichkeit wählen Sie etwas, das ihrer aktuellen Wahrnehmung entspricht und das ihnen mehr von dem gibt, was sie bereits haben: Schwere, Enge, Dunkelheit. Damit wir etwas Besseres bekommen, müssen wir zuerst unseren Fokus im Ganzen auf das Bessere ausrichten. Solange wir im Dreck wühlen, bleiben wir darin stecken und werden nicht sehen, wo es wieder Blumen gibt.

In diesem Fall sind die Fakten tatsächlich irrelevant, weil die Menschen eben einfach nur nach ihrem aktuellen Gefühl wählen, und so landen sie nicht da, wo sie in Wirklichkeit hinwollen, sondern bei dem, was sie im Inneren ablehnen und nicht mehr wollen. Das ist schlichte Resonanz.

Wie könnten die Ansätze dieses Buches helfen, solche Dilemmas in Zukunft (und ganz besonders in Unternehmen, um beim Schwerpunkt dieses Buches zu bleiben) zu vermeiden?

Es geht hier um *Bewusstheit*. Jeder Einzelne ist gefragt, sich seiner Gefühle wirklich bewusst zu werden, und dann kommt als nächster Schritt die Erkenntnis, woher diese Gefühle eigentlich kommen. Letztlich *haben* wir nicht einfach Gefühle, sondern wir *machen* uns Gefühle zur Sicherung unseres Überlebens. Das heißt, die Ursache ist nicht das Gefühl, sondern die Beurteilung einer Situation, die zu diesem Gefühl führt, und diese wird z. B. von alten emotionalen Kopplungen, Rollenmustern u. Ä. beeinflusst.

Ein wertvoller Schritt aus diesem Sumpf heraus kann in einer recht einfachen Maßnahme liegen: bewusste, regelmäßige Übung von Wertschätzung und Dankbarkeit für alles Positive, das wir haben, erleben und sind. Wenn wir uns nämlich all das Gute regelmäßig bewusst machen und es wertschätzen, schrumpft der Raum, den der Frust über all das einnehmen kann, was noch nicht so ist, wie wir es haben wollen. Wir richten unseren Fokus automatisch ein wenig weiter ins Helle und Weite.

Auch in der Wirtschaft gibt es viele Fakten und Wahrheiten, die gerne ignoriert werden, z. B.:

- die tatsächlichen Kosten hoher Mitarbeiterfluktuation,
- ganzheitliche Zusammenhänge, z. B. die ökologischen Kosten von Ressourcenverbrauch, die sozialen Kosten von Druck und Stress,
- die problematische Rolle von Großkonzernen im gesellschaftlichen, sozialen und politischen Leben u. v. m.

Ich bin sicher, dass wir der Wahrheit und den tatsächlichen Fakten wesentlich klarer ins Auge blicken können, wenn wir lernen, tiefer zu blicken, und uns nicht von oberflächlichen Emotionen leiten lassen, sondern erkennen, was dahinter liegt. Die Umsetzung der Vorschläge dieses Buches kann dazu beitragen.

10.5 Controlling und Finanzen

Insbesondere in großen Unternehmen hat das Controlling einen hohen Stellenwert. Je nach Ausrichtung geht der Controllingbereich zum Teil weit über reines Zahlenmonitoring hinaus und greift in die Steuerung des Unternehmens mit ein.

Wenn Sie den Weg des schwerelosen Unternehmens gehen möchten, schlage ich vor, dass Sie die Funktion des Controllings ein wenig verändern. Damit das funktioniert, sollten Sie die Zahlenwerte auf ein absolutes Minimum beschränken. Natürlich müssen sie nach wie vor Buchhaltung machen und – je nach Unternehmensart – eine Bilanz erstellen, und es bleibt wichtig, zwischendurch einen Blick auf Verkaufs- und Umsatzzahlen zu werfen. All das dürfen und sollen Controlling- und Finanzbereiche gerne weiter tun.

Aber: Verwechseln sie nicht Werkzeug und Ergebnis und erinnern Sie sich an unsere Erfolgsdefinition. Danach ist unser Unternehmen umso erfolgreicher, je heller, leichter, weiter und kraftvoller die Energie ist und je stärker sie nach oben strebt.

Siglinda Oppelt spricht in ihrem Werk *Quantensprung im Business* von „integralem Bilanzieren" – einer erweiterten Bilanz, in der neben den reinen Finanzzahlen auch „weiche" Faktoren mit eingerechnet werden, die zum Teil durchaus auch in „hard facts" ausgedrückt werden können (z. B. Krankenstand, Kosten für Personalwechsel u. Ä.).[26]

Ich möchte hier einmal einige Punkte herausgreifen, die aus meiner Sicht besonders wichtig sind, wenn Sie die hier vorgeschlagenen Maßnahmen und Methoden umsetzen.

Monitoring-Rhythmus

Wenn Menschen den Zusammenhang zwischen innerer Ausrichtung und äußeren Ereignissen einmal verstanden haben, wächst der Wunsch, hier möglichst schnell tolle Ergebnisse zu erzielen.

Sobald ein solcher Mensch also überzeugt ist, jetzt eine positive Energie zu einem Thema zu haben – z. B. nach einer Energieerhöhung durch die Fokusoptimierung –, könnte er eine Erwartungshaltung entwickeln, dass jetzt aber auch schnell mal etwas im Außen davon sichtbar werden sollte. Viele Menschen machen sich damit das Leben unnötig schwer. Denn diese von innerem Druck geprägte Erwartungshaltung an sich stellt bereits eine Aversionsmotivation dar. Zum Zweiten neigen diese Menschen dazu, im Außen ständig zu kontrollieren, ob das gewünschte Ergebnis schon da ist. Allerdings machen wir mit solchen Überprüfungen die positive Ausrichtung schnell wieder zunichte. Denn dahinter steckt in Wirklichkeit die Angst, dass das Ganze nicht funktionieren wird, oder eine unbewusste gefühlte Notwendigkeit in Bezug auf ein bestimmtes Ergebnis, und genau darauf liegt dann unser Fokus.

Daher empfehle ich, den Monitoring-Rhythmus von Kennzahlen, soweit möglich, maximal quartalsweise anzusetzen, also möglichst nicht monatlich und schon gar nicht wöchentlich. Dabei ist freilich abzuwägen, wie viel Vertrauen durch den schwerelosen Ansatz bereits aufgebaut wurde. Denn nur wer hier bereits eine gewisse Gelassenheit entwickelt hat, kann die Zahlen auch einmal für einige Zeit sich selbst überlassen.

Neue Parameter im Monitoring

Was sie jedoch regelmäßig prüfen können – und damit kommen wir zu einer Erweiterung des Aufgabenspektrums: Wie ist ihre energetische Ausrichtung gerade?

Menschen, die in Controlling- und Finanzbereichen arbeiten, sind oft Kopf- und Zahlenmenschen – aber nicht immer. Prüfen Sie, ob es Mitarbeiter gibt, die sehr gut intuitiv arbeiten können. Wenn nicht, ergänzen Sie ihre Finanzbereiche, um mindestens eine solche Kraft oder einen Schwerelos-Coach. Dieser hat die Aufgabe, die Ausrichtung im Auge zu behalten.

Vor, während und zwischen der Auswertung von Monitoringdaten (also z. B. Umsatz und Verkaufszahlen) prüft der Coach, wie die Energie der Zahlen ist. Sofern die Zahlen nicht den Wünschen und Zielen entsprechen, prüft dieser Mitarbeiter erst einmal, welche Glaubenssätze, Kopplungen und andere Energien ggf. zu diesem Ergebnis geführt haben. Grundsätzlich sollte die Energie für Umsätze und Ähnliches immer vorab erhöht werden!

Überlegen Sie bewusst, welche Zahlen / Werte Sie zusätzlich zu den klassischen Finanzzahlen monitoren wollen. Vorschläge dafür wären z. B.:

- Wohlbefinden der Mitarbeiter (z. B. durch Umfragen mit einer Glücksskala von 0 bis 10)

- Häufigkeit und Menge der geäußerten Wertschätzungen

- Tatsächlich geäußerte Kundenzufriedenheit

- Energie innerhalb einer Abteilung (z. B. gemessen als Schwerelos-Index)

Nutzen Sie dafür auch die bereits im Abschnitt 6.2 eingeführte Messlatte!

Muster durchbrechen

Damit diese Neuausrichtung des Controllings funktioniert, ist es wichtig, das alte Muster zu durchbrechen. Das bedeutet, nicht in hektische Aktivitäten zu verfallen, wenn einmal unbefriedigende Zahlen auf dem Tisch liegen, sondern erst einmal ruhig durchzuatmen und die „Innenlage" zu prüfen.

Erst die Intuition, dann der Kopf. Erst die Energie erhöhen, dann in Aktion treten. Mit dem Erhöhen der Energie können wir Situationen aus einer höheren Perspektive betrachten. Das ist viel hilfreicher als die Suche nach Ursachen, bei der wir den Fokus genau dort haben, wo wir nicht sein wollen.

Das muss alles gar nicht lange dauern – aber Sie werden sehen: Sie sind am Ende viel produktiver, die Lösungen finden sich leichter und die Mitarbeiter sind besser motiviert.

Achten Sie darauf, dass bei den intuitiven Verfahren nicht indirekte Schuldzuweisungen geschehen, nach dem Motto: „Du hast hier einen blöden Glaubenssatz und deshalb stimmen jetzt unsere Ergebnisse nicht." Es geht immer um die Gemeinschaft und gemeinsam werden diese Dinge am besten aufgedeckt und gelöst.

Kostensparprogramme, Entlassungswellen und ähnliche Maßnahmen

Wenn die Finanzzahlen über einen längeren Zeitraum nicht mit den Zielen und Wünschen des Unternehmens übereinstimmen, wird gerne auf Kostensparprogramme zurückgegriffen, deren drastischste Auswirkung auch umfangreichere Entlassungen oder Mitarbeiterreduzierungen sein können.

Natürlich wird es auch in einem schwerelosen Unternehmen Optimierungsmaßnahmen geben. Aber reine Cost-Saving-Programme ohne die Anpassung der entsprechenden inneren Ausrichtung bergen ein gravierendes Problem in sich: Sie richten den Fokus extrem auf Mangel aus. „Wir müssen sparen." Welche Realität erwarten wir bei so einer Botschaft, wenn das Außen unser Innerstes widerspiegelt?

Ich habe das sehr extrem an meinem letzten Arbeitsplatz in einem Großkonzern erlebt – einer der Gründe, weshalb ich dieses Buch geschrieben habe.

Fallbeispiel:

Nachdem ich Mitte 2009 meine Arbeit in einem neuen Bereich zum Aufbau eines Investitionsmanagement-Teams aufgenommen hatte, gelang uns in den nächsten Jahren eine unglaubliche Transparenz bzgl. der Investitionen, die in den vielen verschiedenen Technikbereichen getätigt wurden. Parallel dazu wurden mittels einer ganzen, wenn auch zahlenmäßig kleinen Abteilung drastische Cost-Saving-Programme ins Leben gerufen. Beide Maßnahmen waren kurzfristig gesehen sehr erfolgreich: Wir erhielten Transparenz und es wurden Kosten gespart.

Wenn Investitionsmittel knapp wurden oder gekürzt werden mussten, gab es nun ein Gremium aus verschiedenen Bereichen, die gemeinsam entschieden, wo am besten gekürzt werden könnte. Das lief über ein bis zwei Jahre recht gut, bis nach ca. zwei Jahren das erste Mal bereits in der Planungsphase eine größere Budgetsumme für die gewünschten Investitionsprogramme fehlte.

Natürlich wurden gleich kräftig Maßnahmen ins Leben gerufen. Es gab einen sogenannten „Campus" – ein zeitlich begrenztes Projekt, in dem sich hochrangige Experten und Manager weitestgehend aus dem Arbeitsalltag zurückzogen und sich darum kümmerten, wie die vorhandenen Mittel am besten eingesetzt werden könnten und wo man kürzen sollte.

Es wurden tatsächlich viele tolle Ideen generiert, die zu höherer Effizienz führten. Aber trotz allem gab es seit diesem Jahr kein einziges Planungsjahr mehr (bis zu meinem Ausscheiden 2015 habe ich es noch selbst mitbekommen, danach aus Berichten ehemaliger Kollegen), in dem solch eine akute Kürzungsphase nicht notwendig war. Mit jedem Jahr schien die Budgetlücke zu wachsen – und das, obwohl schon so viele effizienzsteigernde Maßnahmen etabliert waren. Mir wurde erst später klar, woran das lag: Wir hatten alle zusammen den Fokus unserer Aufmerksamkeit auf das Thema „Sparen" gelegt und ernteten, was wir säten: nämlich Situationen, die uns zeigten, dass wir sparen und Kosten reduzieren mussten.

Wie lässt sich aus einem solchen Teufelskreis entrinnen, wenn man einmal darin steckt?

1. Bewusstheit schaffen:

Der erste und wichtigste Schritt ist Bewusstheit darüber, was da gerade geschieht. Denn nur, wenn wir uns dessen bewusst sind, können wir unseren Fokus wirklich neu wählen.

2. Den Fokus korrigieren:

Das kann am einfachsten dadurch realisiert werden, dass sich alle im Unternehmen bewusst machen, wo sie eigentlich hinwollen: Sie möchten ein Unternehmen und einen Arbeitsalltag mit einer hellen, weiten und leichten Energie. (Siehe auch 4.)

3. Fragen stellen:

Offene Fragen können helfen, Ansatzpunkte zu finden, was Sie tun können, ohne den positiven Fokus zu verlieren. Sie können auch helfen, zu erkennen, welche Themen eigentlich hinter dem aktuellen Problem liegen. Insbesondere empfehle ich folgende Fragen: Wie können wir natürlich effizienter werden? Was braucht es, damit unsere Einnahmen und Ausgaben wieder ins Gleichgewicht kommen? Welche Möglichkeiten gibt es noch, die wir gerade nicht sehen? ...

4. Energie anschauen und erhöhen:

Nutzen Sie die Fokusoptimierung, um gezielt zu den einzelnen Themen, die Sie entdeckt haben, die Energie zu erhöhen. Z. B.: „Wenn die Umsetzung von XY eine Energiewolke wäre ...", „Wenn unser Investitionsprogramm eine Energiewolke wäre ...", „Wenn unser Einnahmen-Ausgaben-Verhältnis eine Energiewolke wäre ..." Prüfen Sie den Status quo der Energie und erhöhen sie diese.

Beachten Sie aber gerade in problematischen Situationen, dass es erst einmal darum geht, ihre *eigene*, persönliche Energie dazu entsprechend zu erhöhen, sodass Sie eine übergeordnete Perspektive bekommen. Erhöhen Sie nicht die Energie der Situation, damit sich diese ändert, sondern ändern Sie als Allererstes ihre eigene Wahrnehmung des

Ganzen oder kritischer Teilaspekte. Denn häufig fühlt sich etwas gemäß der Missstands- oder Gefahrenbeurteilung für unser Emotionalgehirn viel schlimmer an, als es eigentlich ist. Würden wir dann die Energie der Situation erhöhen, damit sie möglichst schnell besser wird, würden wir dieses Gefühl verstärken und weiter in die falsche Richtung zielen.

5. Erfolge fokussieren:

Achten Sie darauf, den Fokus immer wieder auf Erfolge zu lenken, z. B. indem Sie wertschätzen, welche Investitionen Sie im gegebenen Rahmen umsetzen können, jeden einzelnen eigenommenen Euro feiern (nicht ganz wörtlich gemeint), jeden Kunden besonders wertschätzen u. Ä. ...

6. Vision überprüfen:

Wenn sich das Unternehmen bereits in einer wirtschaftlich kritischen Phase befindet, überprüfen Sie die gesamte Vision des Unternehmens, den Unternehmenssinn, die Ziele, die Strategie. Krasse wirtschaftliche Disbalancen können ein Zeichen dafür sein, dass etwas komplett in Schieflage geraten ist und sich das Unternehmen nicht mehr auf dem richtigen Weg befindet.

Was ich nicht empfehle, sind Ad-hoc-Maßnahmen wie radikale Kürzungen, Mitarbeiterentlassungen u. Ä. Falls sich solche Maßnahmen nicht vermeiden lassen, ohne einen kurzfristigen Zusammenbruch zu riskieren, erhöhen Sie vorher die Energie zu der Maßnahme, stellen Sie die Frage, wo eine solche Maßnahme am effizientesten ansetzen kann und befragen Sie ihre Intuition. Holen Sie die Mitarbeiter mit ins Boot und erklären Sie ihnen die Lage, bitten Sie um Unterstützung und Verständnis. Gehen Sie mit gutem Beispiel voran und senken Sie als Manager auch das eigene Gehalt.

Das sind ein paar Beispiele für mögliche Maßnahmen in einer Krisensituation. Behalten Sie dabei immer wieder das eigentliche Ziel im Auge: eine helle, weite und leichte Energie Ihres Unternehmens!

10.6 Arbeitsalltag, Planung und Steuerung – der Energie folgen

Der klassische Unternehmensablauf ist oft von zwei Dingen bestimmt:

- Bestehende Prozesse und Strukturen, die festlegen, was wir in der Regel wann zu tun haben

- Dringliche Probleme und Angelegenheiten, die unsere Aufmerksamkeit fordern und ggf. auch bestehende Standardabläufe oder Tätigkeiten unterbrechen

Beides hat in gewissem Umfang seine Berechtigung. Bei festen Produktionsabläufen z. B. ist es natürlich sinnvoll und notwendig, dass jeder Arbeiter genau weiß, was er wann zu tun hat. Aber Prozesse werden häufig auch in vielen anderen Unternehmensbereichen festgelegt, wo sie manchmal starr werden und mehr bremsen als nutzen. In der Folge werden die auf dem Papier stehenden Prozesse z. B. umgangen oder von Einzelnen durch inoffizielle Wege ersetzt. Manchmal führt das Einhalten der Prozesse zu spürbarer Ineffizienz und nicht selten zu Frust bei den Mitarbeitern.

Bedeutet das, dass man keinerlei Prozesse mehr festlegen sollte? Nein, das würde ich nicht vorschlagen. Stattdessen empfehle ich, einen Prozessrahmen zu schaffen, der Arbeitsschritte und Schnittstellen sinnvoll strukturiert und definiert, aber die Mitarbeiter nicht zu stark einengt.

Überprüfen Sie die Prozesse regelmäßig auf Alltagstauglichkeit. Am besten ist es, wenn diejenigen Mitarbeiter den Prozess beschreiben, die ihn auch leben. Häufig ist die Prozessverantwortung an entsprechende Spezialisten ausgelagert, insbesondere wenn EDV mit im Spiel ist. In einigen Fällen ist das auch sinnvoll, aber häufig sind diese zu weit weg vom tatsächlichen Geschehen, und dann werden die Prozesse hölzern und starr und werden lieber umgangen als gelebt.

Zur Überprüfung der Prozesse können Sie auch die Fokusoptimierung nutzen. Stellen Sie sich z.B. die Frage:

Wenn die Arbeit gemäß dem beschriebenen Prozess XY eine Energiewolke wäre, wäre diese dann:

- schwer oder leicht?

- hell oder dunkel?

- eng oder weit?

- kraftraubend oder kraftspendend?

- nach oben oder unten ziehend?

Erhöhen Sie ggf. die Energie für einen optimalen Prozess und prüfen Sie, an welchen Stellen Sie etwas verbessern können.

Umgekehrt wird bei Aufgaben ohne feste Prozesse, also den alltäglichen kleinen Zwischenfällen, häufig blinder Aktionismus betrieben, statt erst einmal in Ruhe die Situation zu betrachten, den Fokus auszurichten und die leichteste Lösung anzustreben.

Egal ob Standard- oder Ad-hoc-Aufgabe – ich möchte Sie motivieren, in allen Bereichen, wo das möglich ist, ein stärker *inspiriertes Handeln* zu unterstützen. Das bedeutet, dass jeder Mitarbeiter eigenverantwortlich entscheiden kann, an welchen Themen, Projekten etc. er arbeitet. Es wird geschaut, was jetzt „reif" ist. Wenn dringende Termine anstehen, kann gemeinsam geschaut werden, was es noch braucht, damit die Erreichung des Zieltermins geschafft werden kann.

Um inspiriert zu handeln und mit dem „Fluss" mitzugehen, statt gegen eine gerade nicht beherrschbare Strömung anzukämpfen, ist Fingerspitzengefühl gefragt. Das heißt, es gibt eben kein Patentrezept, wie Sie dorthin kommen können.

Wichtige Rahmenbedingungen für ein solches inspiriertes Handeln im Arbeitsalltag sind:

- Möglichst großzügige Zeiträume für die Erledigung von Aufgaben – je akuter Dinge angefragt und bearbeitet werden müssen, desto geringer ist der Spielraum.

- Jeder Mitarbeiter sollte immer einen größeren Pool an Aufgaben mit unterschiedlichen Ablieferungszeiträumen haben, sodass kein Leerlauf entsteht, wenn ein Thema gerade stagniert oder nicht reif ist.

- Nehmen Sie sich Zeit für die „wichtigen" Dinge, nicht nur für die dringlichen – jeder Mitarbeiter sollte ein bis zwei solcher wichtigen Themen, die nicht unbedingt dringlich sind, in seinem Arbeitsvorrat haben.

- Entscheidungsfreiheit – geben Sie Verantwortung ab. Wenn Sie als Manager Ihren Mitarbeitern im Nacken sitzen und ständig nachfragen, wie weit dieses und jenes Projekt schon ist, stören Sie letztlich eine effektive Arbeitsweise.

- Gönnen Sie den Mitarbeitern kurze kreative Pausen. Bei allen Büroarbeiten und natürlich erst recht bei kreativen Tätigkeiten können kurze Spaziergänge, Pausen und Bewegung extrem produktiv sein. Das Unterbewusstsein arbeitet auf jeden Fall weiter. (Ich bekomme meine besten Ideen häufig, wenn ich zwischendurch einmal im Garten arbeite oder an einem Stein werke.)

- Überschwemmen Sie die Mitarbeiter nicht mit Abstimmungsterminen, sondern lassen Sie viel Luft fürs Arbeiten und für freie Zeiteinteilung.

- Konzentrieren Sie sich als Manager auf die Schaffung sinnvoller Rahmenbedingungen und auf die Sicherstellung, dass der Fokus der Aufmerksamkeit „oben" ist. Sorgen Sie dafür, dass die Energie hoch ist und nutzen Sie Ihre Intuition, um einzugreifen, wenn Sie spüren, dass Mitarbeiter Ihren Fokus nicht dort haben, wo auch Sie und das Unternehmen hinwollen.

Wie sieht das inspirierte Handeln in der Praxis aus?

Fragen Sie sich als Erstes am frühen Morgen (oder auch schon am Abend vorher für den nächsten Tag), was heute bzw. in der Woche alles ansteht. Erhöhen Sie zu den wichtigsten Dingen die Energie, bis Sie mit einem guten Gefühl in den Tag gehen. Sortieren Sie Dinge heraus, die unbedingt sofort erledigt werden müssen, und erledigen Sie diese am besten direkt im Anschluss. Spüren Sie vor jeder Aktion nach, ob es sich leicht oder schwer anfühlt.

Als Richtlinie gilt:

- Wenn sich etwas schwer anfühlt und nach unten zieht (das können Sie oft fast körperlich spüren), dann ist es gerade nicht sinnvoll, sich damit zu befassen.

- Wenn sich etwas leicht anfühlt und gefühlt ein Zug nach oben geht, dann ist es für Sie gerade richtig.

Falls sich etwas gerade ganz falsch anfühlt und sich die Energie dazu auch nicht erhöhen lässt, es aber dennoch gemacht werden muss, stellen Sie Fragen: Was hängt gerade an dem Thema, weshalb es sich so falsch anfühlt? Was braucht es noch, damit ich das bearbeiten kann? Haben Sie den Mut, Ihrem Chef zu sagen, wenn etwas gerade absolut nicht geht, weil es sich nicht richtig anfühlt. Und für die Vorgesetzten gilt: Nehmen Sie es ernst, wenn Mitarbeiter das Timing für unpassend halten!

Wenn Sie merken, dass Sie mit etwas nicht weiterkommen oder es einfach extrem zäh in der Bearbeitung ist – halten Sie inne und stellen Sie Fragen! Schauen Sie, ob Sie erst einmal etwas anderes machen können. Gehen Sie fünf Minuten draußen Luft schnappen und stellen Sie sich vorher eine Frage, deren Beantwortung Sie weiterbringen würde. Oft liefert Ihnen Ihr Unterbewusstsein dann eine Antwort.

Akkordarbeit, Fließband und andere industrielle Fertigungen

Viele der Vorschläge in diesem Buch richten sich in erster Linie an Jobs im Büroalltag oder Dienstleistungsbereich – sprich: überall da, wo keine Akkordarbeit geleistet wird. Hier ist nicht der Raum, um das Thema ausführlich zu diskutieren, aber ich möchte es zumindest erwähnen.

Dass die klassische Fließbandarbeit und zum Großteil auch Akkordarbeit nicht besonders menschenfreundlich sind, wurde schon längst erkannt. Es gab in verschiedenen Branchen immer wieder Ansätze, z. B. über Gruppenarbeit und ähnliche Konzepte die Arbeit effizienter und gleichzeitig für die Mitarbeiter selbstbestimmter zu organisieren. Im Zuge der technologischen Entwicklung gibt es hier ganz neue Möglichkeiten.

So berichtete die *Welt* Ende 2016 in ihrem Beitrag *Audi schafft das Fließband ab*, wie modulare Bauweisen, bei denen Roboter und Menschen Hand in Hand arbeiten, in Zukunft die Arbeit in der Produktion von Fahrzeugen abwechslungsreicher und individueller gestalten können und gleichzeitig die Produktion steigern.[27]

Ich glaube, dass alternative Ansätze hier entscheidend sind. Wenn Sie Chef eines Konzerns sind, der noch in klassischer Fließband- und Akkordarbeit produziert, nutzen Sie einmal die Fokusoptimierung, um zu schauen, wie schwer bzw. schwerelos diese Produktionsform ist.

Das gilt auch und gerade in anderen Ländern – denn auch dort sitzen Menschen. Vielleicht können wir so schrittweise die Produktion von Wirtschaftsgütern immer mehr vermenschlichen.

Ein wirklich beeindruckendes Beispiel, wie eine alternative Produktionsform zeitgemäß und wirklich konsequent umgesetzt realisiert werden kann, bietet der anfangs schon einmal erwähnte französische Automobilzulieferer *FAVI* – eine der wenigen Firmen dieser Branche, denen es gelungen ist, ihre Produktion in Europa zu halten.

Fallbeispiel:

In seinem Buch *Reinventing Organizations* beschreibt der Autor Frederic Laloux[8] die organisatorischen Grundzüge dieses erfolgreichen Unternehmens. In der Messinggießerei gibt es 13 selbstführende „Kleinfabriken" / Teams. Neben einigen vorgelagerten Produktionsteams wie z. B. dem Team, das die Gussformen vorbereitet, und einigen Unterstützungsteams, wie z. B. das Ingenieurteam) arbeiten die Teams überwiegend für einen bestimmten Kunden (z. B. Volvo, Volkswagen etc.).

Das Besondere an diesem Ansatz – auch im Vergleich zu früheren Gruppenarbeitsansätzen – ist, dass es darüber keine Managementebene mehr gibt außer einem „Geschäftsführer", dessen Rolle aber nicht mehr viel mit einer klassischen Geschäftsführerrolle zu tun hat. Die Kundenmanager sind Teil der Teams. So werden alle Aufträge und Angebote direkt in den Teams besprochen, z. B. welcher Liefertermin vereinbart werden kann, wo noch etwas an der Kostenschraube gedreht werden kann und Ähnliches. Jedes Team ist sich im Klaren darüber, was passiert, wenn sie nicht pünktlich liefern oder zu teuer sind – dann gibt es nämlich keine Aufträge und damit auch kein Geld für sie.

Deshalb braucht es keine Vorgaben von „oben" und auch keine zusätzlichen Anreize wie Zielprämien u. Ä. Es gibt lediglich eine Art Erfolgsbeteiligung für alle Mitarbeiter, z. B. durch ein 13., 14. oder sogar 15. Monatsgehalt. Jeder gibt sein Bestes, weil alle gemeinsam die Verantwortung tragen – zwar jeder Mitarbeiter für die von ihm übernommenen Aufgaben, aber es ist immer direkt die Auswirkung des eigenen Handelns für das Team und letztlich für das Unternehmen als Ganzes spürbar.

Für wichtige Entscheidungen wurde der bereits weiter oben erwähnte „Beratungsprozess" eingeführt. Dadurch werden nicht mehr über die Köpfe wichtiger Betroffener hinweg Entscheidungen gefällt, sondern alle wichtigen Player werden einbezogen, ohne dass dies zu endlosen Meetings und Diskussionen führt.

Die Grenzen der Planung

Sicherlich sind sich alle einig, dass viele Aktivitäten in einem Unternehmen der Koordination und einer gewissen Planung bedürfen. Die Faustregel hierbei dürfte lauten: Je komplexer die Vorhaben – und meist auch das Umfeld –, desto umfangreicher die Planung. Aber ist das wirklich sinnvoll? Und wie verlässlich sind diese Planungen?

Ich wage eine dreiste Behauptung: Unsere Märkte und viele Vorhaben in Unternehmen unterliegen solch hoher Komplexität, dass diese mit unserem logischen Verstand (trotz aller IT-Unterstützung) allein gar nicht mehr zu handhaben sind. Insbesondere das Zusammenspiel von internen Abläufen und externen Bedingungen, die nicht exakt vorhersagbar sind, birgt enorme Risiken. Zwar gibt es auf dem Management- und Beratermarkt jede Menge Hilfsmittel für Risikomanagement u. Ä., doch erstens habe ich solche Tools in der Praxis nur selten im Einsatz gesehen, und zweitens scheitern diese genau an der gleichen Komplexität und Nichtvorhersagbarkeit vieler Ereignisse.

Standardmittel sind hier meist eine noch genauere Planung, regelmäßige Reports und Statusberichte, konkretere Ziele und Ähnliches. Je nachdem, wie viel ein Unternehmen auszugeben bereit ist, wird dafür z. B. umfangreiche SAP-Software bereitgestellt, werden eigene Tools entwickelt oder werden ausgeklügelte Excel-Werke entwickelt, die schon Datenbank- und Toolcharakter haben.

Je mehr Zahlen, je mehr IT-Unterstützung, je mehr Transparenz, desto mehr wird unsere linke Gehirnhälfte gefordert. Unsere Köpfe rauchen genauso wie die PCs oder Laptops, die gerade mit riesigen, komplexen Excel-Tools – so meine Erfahrung – häufig an ihre Kapazitätsgrenzen stoßen, und doch entrinnt dem Management, wonach es sich sehnt – die Kontrolle, die Steuerung. Denn die wichtige, eingangs bereits erwähnte Größe wird immer mehr ignoriert: unser Bauchgefühl.

Selbst wenn erfahrene Mitarbeiter dieses einbringen, haben sie immer geringere Chancen, gehört zu werden, sobald sich ihr Gefühl nicht logisch begründen lässt. Und leider ist unsere Intuition oft nicht logisch nachvollziehbar, hat aber dennoch recht. So fallen viele fruchtbare Impulse aus Mangel an Beweisen unter den Tisch. Eine enorme Ressourcenverschwendung, insbesondere wenn man sich vor Augen führt, dass unsere Intuition um ein Zigtausendfaches leistungsfähiger ist als unsere Logik.

Heißt das, dass wir alle Planungsabteilungen dichtmachen können? Natürlich nicht. Aber ein Unternehmen kann aus meiner Sicht diese Risiken gravierend abschwächen, wenn es sich die Begrenztheit der Fähigkeiten einer jeden Planung wirklich bewusst macht, sich gleichzeitig dafür öffnet, auch intuitive Fähigkeiten einzusetzen, und immer mehr den Weg des „Spürens und Antwortens" einschlägt.

Die Planung ist ein Bereich, in dem Intuition und Logik – ähnlich wie bei Entscheidungsprozessen – besonders stark Hand in Hand gehen sollten. Software sollte dabei den Menschen unterstützen, damit er möglichst mehr auf seine Intuition hören kann, indem die nötigen Fakten aufbereitet werden – nicht mehr und nicht weniger.

Leider sind gerade Planungsprozesse häufig so stark an die Software gebunden, dass diese zu einem starren Korsett wird und eine kreative, freie Gestaltung von Planungs- und Produktionsprozessen im Sinne des Kunden verhindert wird.

Ganz besonders Standardsoftware wie SAP führt meiner Meinung nach hier zu massiven Einschränkungen der freien Entfaltung in Unternehmen. Es ist mir persönlich ein Rätsel, wie sich Software, die so wenig intuitiv bedienbar ist und sich so schlecht an unterschiedliche Branchen und wechselnde Bedingungen in Unternehmen anpassen lässt, so stark am Markt durchsetzen konnte. Wohl kaum etwas ist so kräftezehrend, frustrierend und richtet unseren Fokus während der Arbeit so stark nach unten wie Technik, die nicht das tut, was wir brauchen und wollen – wenn also der Mensch zum Sklaven der Technik und nicht die Technik zum Diener des Menschen wird.

Ich empfehle deshalb, auch den Einsatz von Software immer energetisch-intuitiv zu prüfen und hier der Intuition viel Spielraum zu geben. Häufig ist es leider sehr aufwendig und kostspielig, einmal etablierte Systeme zu ersetzen. Daher ist vor der Anschaffung besonders genau zu prüfen, wie „schwerelos" die Software ist.

In diesem Zusammenhang gefällt mir die Vision von Marc Benioff, Gründer von *salesforce.com*, besonders gut. In seinem Beitrag *The Social Revolution – Wie Sie aus Ihrer Firma ein aktiv vernetztes Unternehmen und aus Ihren Kunden Freunde fürs Leben machen* stellt er eine wesentliche Frage:

„Warum ist nicht jede Unternehmenssoftware so aufgebaut wie *amazon.com*?"[28] Facebook und andere soziale Netze zeigen, wie menschennahe digitale Kommunikation funktioniert. Diese Einfachheit auch in Software für Business-Prozesse zu bringen und in Unternehmen zu etablieren, kann m. E. ein wichtiger Beitrag sein, um hier wesentlich flexibler und leichter zu werden.

Viele Firmen, die Formen der Selbstorganisation und den bereits vorgestellten „Beratungsprozess" bei Entscheidungen etabliert haben, nutzen intensiv ein internes Social Network für diese Form der Zusammenarbeit.

Neben dieser technischen Unterstützung empfehle ich folgende Schritte bei jeder Art von Planung:

1. Energie der Planungsphase wahrnehmen und ggf. erhöhen

2. Fragen stellen: Was braucht es, damit wir XY erreichen?

3. Integration von fachlicher Kompetenz, Erfahrung und Intuition: Intuition ist auch an fachliche Erfahrung und Kompetenz geknüpft.

Ermutigen Sie Mitarbeiter, auf ihr Bauchgefühl zu hören, und verzichten Sie nach Möglichkeit auf langwierige Begründungen. Überprüfen Sie das „Bauchgefühl" mit der Fokusoptimierung bzw. Ihrem eigenen Bauchgefühl. Wenn das potenzielle Ergebnis des Bauchgefühls / der Intuition massiv den vom Kopf gewünschten Zielen und dem eigenen Bauchgefühl widerspricht, empfehle ich, genauer einzusteigen und immer tiefer zu hinterfragen. Auch hier können dann ggf. offene Fragen helfen. Man kann schauen, ob irgendwelche Ängste oder andere Muster die Intuition stören u. Ä. (Ggf. können Sie hier einen Coach einschalten.)

4. Gruppenwahrnehmung und Erhöhung: Bei kritischen Themen, also insbesondere wenn Intuition und Bauchgefühl massiv von den Kopf-Wünschen abweichen, empfehle ich, die Fokusoptimierung im Team anzuwenden. Dabei nimmt sich jeder Teilnehmer das gleiche Thema vor, schaut sich die Energie an, erhöht diese dann und danach schauen alle Teilnehmer, welche Ideen und Gedanken kommen.

5. Wenn es starke Abweichungen zwischen Planung und den tatsächlichen Ergebnissen gibt, empfehle ich ebenfalls eine Gruppenrunde und eine umfangreiche Prüfung aller zugrunde liegenden Muster. Wenn die Ursache energetisch entdeckt werden kann, finden sich meist auch Lösungen im Außen, um wieder in die Spur zu kommen.

6. Überdenken des Plans: Manchmal kann sich auch herausstellen, dass der Plan nicht gepasst hat. Dann sollten mit der intuitiven Methode als Erstes die Ziele überprüft und ggf. angepasst werden und neue Pläne entworfen werden.

Auf diese Art und Weise kann ein Wechselspiel zwischen Zielfindung, Planung und Realisierung entstehen.

Wichtig ist, dass es dabei möglichst eine Konstante gibt: eine hohe, helle, und weite Energie. Das ist das Ziel sowohl für das Ergebnis als auch den Prozess. Dies sollte man sich immer wieder vor Augen halten.

10.7 Organisationsstruktur und Umstrukturierungen

Die Struktur eines Unternehmens ist ein wichtiger Erfolgsbaustein. In der Mehrzahl der heute am Markt tätigen Unternehmen, Behörden und Organisationen herrscht in irgendeiner Form eine Art Pyramidenstruktur – egal ob sich darunter dann eine Matrixorganisation befindet, ob die Hierarchieebenen schlank gehalten sind oder es viele Ebenen gibt.

Grundsätzlich lassen sich die hier vorgeschlagenen Maßnahmen in jeder Unternehmensstruktur oder Organisationsform mehr oder weniger leicht umsetzen. Wer sich aber wirklich von ganzem Herzen auf den Weg macht, ein schwereloses Unternehmen zu erschaffen, wird langfristig auch die etablierten Strukturen infrage stellen.

Der aus meiner Sicht vielversprechendste Ansatz für einen grundlegenden Wandel in Unternehmen ist die konsequente Form der Selbstorganisation, wie sie von dem bereits mehrfach erwähnten Berater, Coach und Autor F. Laloux[8] vorgeschlagen wird. Der große Unterschied gegenüber früheren Versuchen von Gruppenarbeit und verschiedenen Formen von „Empowerment" und Mitarbeiterintegration ist, dass hier die Pyramidenstruktur tatsächlich konsequent aufgebrochen wird und durch eine Art Netzwerk einzelner, selbstführender Teams ersetzt wird. Die Aufgaben und Rollen, die sonst verschiedene Managementebenen eingenommen haben, werden auf einzelne Mitarbeiter gemäß Interessen, Fähigkeiten und Veranlagung verteilt.

Die Beispiele an Firmen, die F. Laloux im Laufe seiner Arbeit untersucht hat, sind wirklich beeindruckend in Ihrem Erfolg. Ich möchte daher alle ermutigen, die bereit sind, neue Wege zu gehen, sich eingehender mit solchen alternativen Organisationsformen auseinanderzusetzen. Auch hierbei können die Werkzeuge dieses Buches natürlich wertvolle Hilfestellung leisten.

Unabhängig davon, welche Überlegungen Sie anstellen – ob klassische „Umstrukturierung" oder ein grundsätzlicher Neuansatz wie die Einführung selbstorganisierender Teams – überprüfen Sie solche Maßnahmen immer erst einmal intuitiv, z. B. mit der Fokusoptimierung, und schauen Sie, welche Lösungen sich nach einer Energieerhöhung zeigen.

Ich möchte die Thematik der Umstrukturierungen hier noch einmal grundsätzlich näher erläutern, weil diese ja bereits seit Langem in allen großen Unternehmen, Behörden und Organisationen schon fast zum Alltag gehören. Sie sind Teil des ständigen Wandels und des Veränderungsprozesses, dem wir letztlich alle unterliegen.

Leider führen aber nur wenige Umstrukturierungen – egal welcher Art – wirklich zum Erfolg, abgesehen davon, dass sie für die betroffenen Mitarbeiter oft eine große mentale, emotionale und in Folge oft auch körperliche Herausforderung darstellen.

Es gibt ausreichend Studien und Literatur dazu, wie wichtig der Erfolgsfaktor Mensch ist. Ich möchte das Thema hier aus einer anderen Perspektive betrachten, basierend auf dem vorgestellten Modell unserer Wahrnehmungsfilter.

Egal, wie professionell eine Umstrukturierung umgesetzt wird, häufig scheitert es am Ende daran, dass sich Mitarbeiter mit ihren neuen Strukturen, Aufgaben, Teams etc. nicht wirklich *identifizieren*. Das bedeutet, dass unbewusst der Fokus der Aufmerksamkeit in genau dieselbe Richtung weist wie vorher.

Will man also erfolgreich einen Bereich oder ein ganzes Unternehmen umstrukturieren, ist es wichtig, dafür zu sorgen, dass sich die Mitarbeiter mit den neuen Rollen wirklich identifizieren. Das ist oft gar nicht so einfach, weil es nicht mit ein paar Schlagzeilen und motivierenden Floskeln getan ist.

Ein Beispiel aus meinem eigenen Erleben:

In meinem Bereich gab es eine große Umstrukturierung, bei der zwei Bereiche mit sehr unterschiedlichen Rollen fusioniert werden sollten. Vorher gab es dort häufig Kompetenzstreitigkeiten, keinen freien Informationsfluss von Bereich A zu Bereich B und viele andere Schwierigkeiten.

Beide Bereiche wurden schließlich formal fusioniert und statt einer quasi-hierarchischen Struktur nun fachlich strukturiert. Es entstanden drei

---

neue Fachbereiche sowie ein kleiner Bereich, der übergeordnete Aufgaben übernahm.

Die Krux war, dass bei den meisten Mitarbeitern nun zwar neue Schilder an der Tür hingen, aber viele sich weiterhin mit ihren alten Rollen identifizierten. Obwohl der Informationsfluss offener wurde, blieben durch die alten Identifikationen viele Probleme bestehen. Es entstanden sogar neue Herausforderungen wie ungleiche Lastverteilung, unklare interne Schnittstellen, Qualitätsprobleme u. Ä. Grund dafür war neben der Identifikation auch die Know-how-Verteilung. Denn aus einem hervorragenden Techniker wurde über Nacht nun einmal kein Management-Experte, dem es leichtfällt, Informationen managementgerecht aufzubereiten. Viele Aufgaben wurden einfach neu verteilt, ohne dabei wirklich auf die Fähigkeiten der Mitarbeiter zu achten, geschweige denn auf deren tiefsitzende Identifikationen aus ihren alten Bereichen.

Im Ergebnis waren insbesondere die Mitarbeiter aus dem koordinierenden Bereich sowie die Führungskräfte stark überlastet und die anderen Mitarbeiter häufig unzufrieden, weil Dinge von ihnen verlangt wurden, für die sie keine innere Begeisterung aufbringen konnten, die Qualifikation nicht hatten und mit denen sie sich nicht identifizieren konnten.

Diese Kraft der Identitätsenergie wird häufig unterschätzt und kann zu zahlreichen Widerständen und Unstimmigkeiten führen, die dann nur schwer zu beheben sind, weil den Menschen dies oft gar nicht bewusst ist. Selbst wenn Sie also vom Kopf her die neue Rolle akzeptiert haben, schlüpfen sie möglicherweise unbewusst immer wieder in ihre alten Rollen hinein. Denn Identifikation ist ein vollkommen anderer Prozess als Denken, sie findet in anderen Bereichen des Gehirns statt.

Wie lässt sich das nun mit dem Know-how aus diesem Buch verbessern? Folgende Vorgehensweisen empfehlen sich:

1. Erarbeiten Sie die neuen Rollen mit den Mitarbeitern gemeinsam.

2. Bevor eine Umstrukturierung auch formal in Kraft tritt, sollte jedem Mitarbeiter seine neue Rolle ganz klar sein und er sollte sich damit identifizieren können und wollen.

3. Neue Prozesse, Abläufe u. Ä. sollten schon geklärt sein, bevor eine Umstrukturierung tatsächlich vollzogen wird, und nicht irgendwann hinterher, denn dann katapultiert der Alltag Manager wie Mitarbeiter meist schon wieder in ganz andere Dimensionen von Aufgaben und diese Fragen bleiben auf der Strecke. Das mag selbstverständlich klingen, aber ich habe die Erfahrung gemacht, dass es das in der Praxis leider oft nicht ist.

Wie können Sie herausfinden, ob Mitarbeiter sich nun tatsächlich mit der neuen Rolle identifizieren?

Auch hier können unsere intuitiven Fähigkeiten und das Wissen über die verschiedenen Ebenen von Wahrnehmungsfiltern helfen. An dieser Stelle bietet sich ideal der Einsatz eines internen oder externen Coaches an, der die folgenden Schritte mit seinen intuitiven Fähigkeiten unterstützt.

- Über Gespräche lassen sich mentale Themen gut herausfinden. Dafür kann es schon reichen, die alte und die neue Rolle einmal verbal beschreiben zu lassen und Bedenken, Zweifel und Ängste zu äußern.

- Mitarbeiter können ermutigt werden, zu spüren, wie sie sich mit der neuen Rolle fühlen, und jegliches Unwohlsein auszusprechen und zu klären.

- Mitarbeiter können ihre neue Rolle als Energie wahrnehmen und aufsteigen lassen, eventuell sollte zusätzlich der Weg von der alten Rolle hin zur neuen Rolle energetisch erhöht werden.

- Die Rollen (alte und neue) können bildlich dargestellt werden und dann gemeinsam mit dem Coach oder auch im Team ausgewertet werden (sofern eine entsprechende Vertrauensbasis im Team besteht).

- Auch eine geführte innere Reise könnte ein wertvolles Mittel sein, Mitarbeiter anzuregen, sich mit ihren neuen Rollen auseinanderzusetzen.

11 Intuitive Existenzgründungen

11.1 Grundsätzliches zu Existenzgründungen, Businessplänen etc.

Es gibt unendlich viel Literatur und Web-Inhalte zum Thema Existenzgründung, Businessplan-Gestaltung und damit zusammenhängenden Aufgaben. Wer die Idee hat, sich selbstständig zu machen, und beginnt, das Internet nach Tipps und Hinweisen zu durchsuchen, wird schnell von der Fülle an Material, Hinweisen und Dingen, die es zu beachten gibt, erschlagen.

Daher möchte ich hier einen intuitiveren Ansatz vorschlagen, wobei natürlich die ideale Balance zwischen strukturiertem Vorgehen und rein intuitivem Handeln für jeden Existenzgründer individuell verschieden ist. Wichtig ist daher, dass Sie immer den Ansatz wählen, mit dem Sie sich im Augenblick wohlfühlen. Es lohnt sich, diesen einmal zu hinterfragen und zu schauen, ob etwas Neues an die Oberfläche kommt. Aber agieren sollten Sie *immer* so, wie es sich für Sie wirklich gut anfühlt – egal, was in diesem Buch oder in irgendeinem anderen steht.

Bei der Neugründung eines Unternehmens wird häufig empfohlen, einen Businessplan zu erstellen, der von der Idee bis zur Realisierung sämtliche Schritte umfasst. Für einzelne wirtschaftliche Entscheidungen (Produktneueinführungen, ein neues Projekt, eine Investition) wird häufig zumindest ein Business Case entwickelt und durchgerechnet, der zeigen soll, ob dieser Schritt wirtschaftlich sinnvoll ist. Ich gehe hier auf beide Fälle gemeinsam ein, auch wenn sie unterschiedliche Zielsetzungen und Inhalte haben. Denn viele der Denkanstöße, die ich geben möchte, gelten für beides.

Rein äußerlich sind beide Schritte häufig eine formale Notwendigkeit für alle, die externe Gelder beantragen möchten – sei es einen Gründungszuschuss oder Investmentkapital. Je nach Vorhaben ist hier häufig ein Businessplan oder ein Business Case notwendig.

Wenn es keine formalen Notwendigkeiten gibt, können beide Instrumente helfen, Vorhaben zu strukturieren und Klarheit über bestimmte

Details oder erste Hinweise zu wichtigen wirtschaftlichen Aspekten eines Vorhabens zu bekommen.

Aber ein ausführlicher Businessplan mit allem Drum und Dran ist keine Notwendigkeit für eine erfolgreiche Unternehmensgründung! Ich persönlich glaube, dass ein Businessplan einen Gründer auch schnell abschrecken kann und häufig verhindert, dass wir uns intuitiv leiten lassen.

Davon abgesehen werden dort viele Informationen verlangt, die wir vor dem Gründungsstart gar nicht wissen können und die deshalb oft nur geschätzt oder sogar geraten werden können, aber wenn Sie einmal auf dem Papier stehen, blockieren sie schnell unsere Intuition, weil wir sie plötzlich doch irgendwie als Wahrheit betrachten oder empfinden. Plötzlich folgen wir eher unserem Plan statt unserer inneren Führung, oder wir rechnen unsere Idee, die uns so erfüllt, am Ende kaputt.

Fallbeispiel:

In seinem Buch *Intuitives Management* berichtet Roy Rowan, wie der spätere Inhaber der Fastfood-Kette *McDonald's*, Ray Kroc (auch der „Hamburger-König" genannt) diese von den Gründern (Richard und Maurice McDonald) erwarb: Sein Anwalt und andere Leute hatten ihm aufgrund der hohen Kaufsumme abgeraten. Er reagierte seinen Frust über die hohe Investitionssumme ab und sagte dann zu. Wenn er dafür erst einen Business Case gerechnet hätte, wäre ihm wahrscheinlich das Geschäft seines Lebens durch die Lappen gegangen.[29]

Aber natürlich ist nicht jeder Mensch so risikobereit und hat bereits ein so starkes Vertrauen in seine innere Stimme, sein Bauchgefühl oder seine Intuition. Daher würde ich nie jemandem pauschal davon abraten, einen Businessplan zu erstellen oder bei wichtigen wirtschaftlichen Entscheidungen einen Business Case zu berechnen, für den sich das richtig und gut anfühlt. Aber wir sollten auch keine Notwendigkeit daraus machen. Wie viel Absicherung jeder Einzelne durch einen Businessplan oder eine andere Form der Planung benötigt oder wünscht, ist eine Frage, die nur individuell beantwortet werden kann.

Wahrscheinlich hilft Ihnen die Erstellung eines Businessplans, wenn:

- Sie noch kein festes Vertrauen in Ihre Intuition / innere Stimme haben und gerne etwas mehr Kontrolle ausüben,

- hohe Investitionen notwendig sind, um die Idee umzusetzen,

- der Aufbau des Geschäftes viele Schritte umfasst, also etwas komplexer ist, wie z. B. beim Aufbau einer eigenen Produktion,

- hohe private Risiken damit einhergehen (z. B. Kündigung eines bestehenden Arbeitsverhältnisses),

- Sie innerlich noch nicht die Gewissheit haben, ob das Vorhaben geeignet ist, den eigenen Lebensunterhalt zu bestreiten,

- Sie unsicher sind, welche Schritte Sie als Nächstes gehen sollten,

- Sie ein Mensch sind, der Struktur braucht,

- Sie das Gefühl haben, dass Ihnen die Planung Sicherheit gibt.

Auch hier können Sie die Fokusoptimierung nutzen, um zu sehen, ob Sie lieber mit oder ohne große formale Planungsschritte arbeiten möchten.

Stellen Sie sich z. B. die Frage:

- Wenn die Erstellung eines Businessplans für mich eine Energiewolke wäre ...

- Wenn die ausführliche Planung eine Energiewolke wäre ...

- Wenn der rein intuitive Aufbau meines Geschäfts ohne große Planung eine Energiewolke wäre ...

Lassen Sie diese Energien aufsteigen und schauen Sie dann, welche Gedanken und Vorstellungen Ihnen kommen. Möchten Sie lieber alles vorab planen oder lieber einen Schritt nach dem anderen gehen und die Entwicklung abwarten?

Das Vorwärtsgehen ohne große Planung erfordert viel Mut und Vertrauen in die eigene intuitive Führung, da es in unserer Gesellschaft üblich ist, planvoll zu agieren. Aber streichen Sie die Planung nicht aus Bequemlichkeit oder weil Sie der Wahrheit nicht ins Auge blicken möchten. Transparenz hilft – auch Ihrer Intuition.

Abschließend möchte ich Sie noch einmal ermutigen, den Weg so zu gehen, wie es sich für Sie passend anfühlt! Wenn sich ein Geschäftskonzept noch nicht richtig gut anfühlt, ist es viel wichtiger, herauszufinden, woran das liegt. Dabei kann ein ausführliches Business-Konzept helfen, muss es aber nicht.

Ich würde immer als Allererstes abklopfen, woher unangenehme Gefühle kommen. Häufig beruhen diese z. B. auf Ängsten vor einem Scheitern, auf Ängsten und Unsicherheiten, uns zu zeigen, wie wir wirklich sind, oder einfach auf einer fehlenden Verbindung zu unserem Inneren. Erst wenn wir diese innere Sicht geklärt haben, ist es wirklich sinnvoll, uns an die äußere Arbeit zu begeben.

Bevor wir uns einige wichtige Aspekte einer „intuitiven Existenzgründung" anschauen, möchte ich im nächsten Abschnitt die Geschichte vom *Glücksbuchladen* in Wuppertal erzählen.

11.2 Erfolgreiche intuitive Existenzgründung: Fallbeispiel *Glücksbuchladen*

Am 1. August 2014 wurde in Wuppertal ein neues Geschäft eröffnet: der *Glücksbuchladen*. Die Entstehung und Entwicklung dieses Ladens ist ein eindrucksvolles Beispiel einer intuitiv geführten Existenzgründung.

Mitte 2014 stand die Gründerin und heutige Inhaberin des *Glücksbuchladens*, Kerstin Hardenburg, an einer Weggabelung, bei der es galt, zu entscheiden, in welche Richtung ihre berufliche Zukunft weisen würde. Zum Glück hatte sie zu diesem Zeitpunkt bereits erkannt, wie wichtig es war, ihre Aufmerksamkeit in die Richtung zu lenken, in die sie gehen wollte, und immer wieder die positiven Dinge des Lebens wertzuschätzen.

Um ihren Fokus auch in Bezug auf ihre berufliche Entwicklung aufs Positive zu lenken und ihrem Unterbewusstsein einen Anstoß zu geben, führte sie für sich ein kleines Ritual durch und schrieb dabei – eher spielerisch – drei Aussagen auf einen Zettel, die in etwa so lauteten:

- Ich bin dankbar dafür, dass ich weiß, was mich glücklich macht.

- Ich bin dankbar dafür, dass ich mit dem, was mich glücklich macht, auch Geld verdienen kann.

- Ich bin dankbar für Wohlstand und Fülle in meinem Leben.

Die Inspiration kam prompt, fast wie von allein. Plötzlich stand für sie ganz klar fest: „Ich eröffne einen Buchladen."

Anmerkung: Falls Sie dieses Ritual übernehmen möchten, suchen Sie Aussagen, die sich für Sie wirklich gut anfühlen und nicht „utopisch" oder direkt innere Zweifel auslösend. Diese Aussagen hier waren für Kerstin passend, sind es aber möglicherweise nicht für Sie. Es dürfen auch kleinere Schritte und Botschaften sein – lassen Sie sich von Ihrer Kreativität, ihren inneren Wünschen und Ihrem Gefühl leiten.

Nachdem Kerstin diese Idee im Kopf hatte, brauchte sie keinen Bewertungsprozess mehr, keine Marktstudie („Verträgt Wuppertal noch einen Buchladen?", „Kaufen Kunden überhaupt noch in echten Läden, wo es doch Amazon gibt?" ...), weil sie absolut überzeugt war und keine Zweifel mehr hatte, dass dies der richtige Weg war. Schließlich hatte sie Bücher schon immer geliebt.

Sie erstellte auch keinen Businessplan. Im Gespräch äußerte sie selbst einmal, dass so etwas sie eher in dem intuitiven Prozess behindert hätte. Und mit Sicherheit hätte man diese wunderbare Idee auch ganz schnell totrechnen können.

Natürlich hatte die Ladenbesitzerin grob überschlagen, welche Investitionen sie brauchte und wie viel Umsatz sie pro Tag im Durchschnitt würde machen müssen, damit sich das Ganze rechnete. Dabei half ihr die langjährige Branchenerfahrung, die sie bereits in diesem Bereich hatte. Aber das war es dann auch schon.

Die vielen Schritte zur Umsetzung der Idee wurden nicht formal geplant. Statt die Zeit mit Planung zu vergeuden, richtete Kerstin ihre Aufmerksamkeit voll und ganz auf ihr Ziel aus, krempelte die Ärmel hoch und legte los.

Viele Dinge ergaben sich fast wie von selbst. So entdeckte sie schon einen Tag nachdem sie ihre Dankbarkeit schriftlich formuliert hatte, das heutige Objekt, in dem gerade ein Laden schloss, und erkundigte sich, wie hoch die Kosten dafür waren. Auf privatem Weg bekam sie die notwendigen Investitionsmittel und ging einfach aus dem Bauch heraus einen Schritt nach dem anderen. Auf diese Art und Weise setzte sie innerhalb von weniger als zwei Monaten ihre Idee in die Tat um und eröffnete den Laden. Diese Geschwindigkeit hat mich persönlich extrem beeindruckt. Viele Gründer brauchen schon mehr als zwei Monate, um überhaupt ihren Businessplan zu schreiben.

Für mich besonders spannend und erhellend: Einige wichtige Geschäftszweige von Kerstin, wie z. B. eigene Lesungen und Veranstaltungsmanagement, ergaben sich erst im Nachhinein aus der laufenden Arbeit heraus. Schon nach einer Woche bekam sie die erste Anfrage eines Autors zu einer Lesung, merkte aber schnell, dass sie die Bücher noch viel besser zum Leben erwecken konnte, wenn Schauspieler lasen. Die Inhaberin sagt selbst, dass sie all das vorher nie hätte vorhersehen oder planen können, aber vielleicht schon geahnt hatte, denn Sie gab dem *Glücksbuchladen* das Motto *Bücher und mehr*. Inzwischen organisiert sie auch Veranstaltungen an andern Orten und liest sogar selbst, allein oder zusammen mit etablierten Schauspielern. Und die Entwicklung geht weiter.

Auch beim Marketing hat sich vieles einfach ergeben. Die Kunden empfehlen den Laden und die Veranstaltungen weiter, Medien kommen von allein für Interviews und Berichte auf Kerstin zu. Es läuft einfach mit einer hohen, natürlichen Effizienz. Immer wieder berichtet Kerstin über faszinierende Zufälle. Da erzählt ihr ein Kunde von einem tollen Buch und kurz danach fragt jemand nach etwas, zu dem das Buch genau passt. Die kleinen Herausforderungen des Alltags – Reparaturen, etwas wird benötigt u. Ä. – lösen sich meist mit Leichtigkeit und häufig auf wirklich überraschende Weise.

Zwar gab es zwischendurch auch kurze schwierige Phasen. Hier half ihr, dass sie gelernt hat, ihren Fokus immer wieder aufs Positive zu richten, und dass sie in ein wunderbares Netzwerk Gleichgesinnter eingebettet ist, das ihr Unterstützung gibt.

So hat sich der *Glücksbuchladen* innerhalb von nur einem Jahr in Wuppertal fest etabliert, berichtete kürzlich die *Wuppertaler Stadtzeitung*. Kerstins USP: Die Kunden sind bei ihr nicht anonym. Sie hat ein sicheres Gespür für die Verbindung von Mensch und Buch. Heute ist der Laden ein beliebter Anlaufpunkt für Bücherfans, Geschenkesucher, Lesungen und einfach um ein bisschen Ruhe und Inspiration zu tanken.

Für mich ist der *Glücksbuchladen* in der Friedrichstraße 52 (Wuppertal-Elberfeld) ein beeindruckendes Beispiel dafür, wie leicht und wundervoll ein Weg sein kann, wenn uns der Verstand diesen nicht verbaut und wenn wir uns von unserem Herzen leiten lassen.

11.3 Die Gründungsidee und das Motiv

Wer sich selbstständig machen oder ein Unternehmen gründen möchte, braucht erst einmal eine griffige Idee. Egal wie kreativ unser Verstand ist – für eine erfolgsversprechende Idee ist die Zusammenarbeit mit unserer Intuition besonders wichtig.

Es gibt zwei wesentliche Ansatzpunkte für die Intuition bei einer Neugründung:

1.   Die Entdeckung der passenden Idee

2.   Die Bewertung, ob eine Idee wirklich die richtige ist

Meine eigene Selbstständigkeit ist das Ergebnis eines vor allem intuitiven Prozesses. Die grundsätzliche Idee für dieses Buch entstand, während ich an einer Skulptur arbeitete. Ähnlich lief es bei dem gezeigten Fallbeispiel vom *Glücksbuchladen* in Wuppertal. Eine Idee, die wirklich aus dem Herzen kommt, braucht meist keine nähere „Bewertung".

Es gilt: Vertrauen Sie Ihrem Gefühl, und zwar – zu dieser Empfehlung stehe ich – mehr als Marktstudien und der Meinung anderer! Letztlich können nur Sie ganz allein wissen, ob die Idee für Sie passt. Es geht nicht nur darum, ob es grundsätzlich einen Marktbedarf gibt – was gab es nicht schon an erfolgreichen Produkten oder Dienstleistungen, bei denen nie jemand vermutet hätte, dass auch nur mehr als zwei Menschen daran Interesse haben würden! Umgekehrt können auch todsicher scheinende Geschäftsideen ganz schnell ins Leere laufen.

Häufig sind die Erfolgsfaktoren extrem sensibel – der richtige Standort, das passende Marketing, die Kundenstimmung (Kollektivebene), die vielen eigenen Glaubenssätze … Aufgrund der hohen Komplexität solcher Entscheidungen und der Hintergründe für möglichen Erfolg oder Misserfolg empfehle ich hier immer eine gute Kombination von Intuition und Verstand.

Hören Sie auf diese ganz leise Stimme – etwas, das manchmal sehr versteckt ist zwischen all den Gedanken: das Wissen, ohne zu wissen (also ohne Fakten und Beweise). Dieses implizite Wissen ist die Stimme unserer Intuition.

Wenn eine Idee vom Kopf und Bauch her passend scheint, es sich aber dennoch irgendwie schlecht anfühlt, könnten noch andere Widerstände (z. B. Ängste, Wertlosigkeitsmuster o. Ä.) eine klare Sicht verhindern. Daher ist auch hier emotionale Klarheit wichtig. Solange ich von Angst beherrscht werde (z. B. Angst zu versagen, dass es schiefgeht, mich zu blamieren usw.) kann ich keine klare Entscheidung fällen!

Um dieses vage Gefühl etwas klarer zu bekommen, können auch die Werkzeuge aus diesem Buch herangezogen werden. Insbesondere die Fokusoptimierung empfehle ich sehr. Außerdem achten Sie besonders auf die Körperempfindung: leicht oder schwer. Alles, was sich leicht anfühlt, ist für uns wahr, was sich schwer anfühlt, ist nicht wahr oder überschattet von anderen Themen. Das gilt auch dafür, wenn Sie kein klares Gefühl dazu bekommen.

Fragen, die beim Erspüren helfen können, sind z. B.:

- Ist diese Idee für mich zum jetzigen Zeitpunkt das Richtige? (Ggf. Idee und Zeitpunkt einzeln abfragen)

- Wie fühle ich mich, wenn ich mir vorstelle, dieser Idee zu folgen und sie umzusetzen?

- Was braucht es noch, damit ich ganz klar werde, ob die Idee die richtige ist?

- Was hindert mich daran, klar zu sehen und zu spüren, ob die Idee richtig ist?

- Wird mir die Umsetzung dieser Idee Freude machen?

- Wird mir die Umsetzung dieser Idee Geld bringen?

- Wenn ich frei von Angst wäre: Wäre das dann die Idee, die ich umsetzen würde?

- Schenkt der Gedanke an die Umsetzung dieser Idee mir Kraft, Freude und eine helle, weite, leichte Energie?

Passend dazu können Sie auch Energien wahrnehmen und ggf. erhöhen, z. B.:

- Wenn die Umsetzung dieser Idee eine Energiewolke wäre …

- Wenn meine Verdienstmöglichkeiten mit dieser Idee eine Energiewolke wären …

- Wenn meine dauerhafte Freude an der Realisierung dieser Idee eine Energiewolke wäre …

- Oder auch: Wenn meine Klarheit, ob diese Idee richtig ist, eine Energiewolke wäre …

Spüren Sie auch einmal nach, wer oder was in Ihnen sich für eine Idee begeistert. Ist es eher Ihr Kopf oder eher Ihr Herz?

Beispiel:

Ich hatte schon ziemlich oft eine Idee für ein Buch. Aber immer, wenn ich mich dann ans Schreiben setzte, blieb es nach wenigen Seiten hängen. Der Grund: Die Ideen kamen immer nur aus dem Kopf – einfach weil es irgendwie „cool" und interessant klang. Aber erst dieses Buch hier habe ich wirklich aus dem Herzen heraus geschrieben, und auch wenn es Phasen gab, wo ich eine Pause brauchte, lief es fast wie von al-

---

> lein. Ich quälte mich nicht mit irgendwelchen Formulierungen, sondern konnte einfach schreiben. Und wenn es gerade einmal nicht mehr lief, machte ich einfach etwas anderes.

Natürlich gibt es auch scheinbar „harte Fakten" für die Brauchbarkeit einer Idee. Aber meist sind diese Fakten nur Ausreden und wir lassen uns dadurch viel zu oft von guten Ideen abbringen.

Beispiele:

- Ich habe eine tolle Idee, aber sie scheint schon auf den ersten Blick nicht finanzierbar zu sein. Dann heißt es erst einmal, sich für Möglichkeiten zu öffnen, um diese Idee – vielleicht in etwas kleinerer Form – umzusetzen. Wer wirklich für eine Idee brennt – davon bin ich überzeugt – und damit auf dem für ihn stimmigen Weg ist, der findet auch die passende Finanzierung.

- Die Idee ist toll, aber für sich allein nicht tragfähig: Dann braucht es andere Bausteine, die dazukommen, oder ich schaue, was eigentlich der Kern dieser Idee ist und wie ich diesen ausweiten kann. Stellen Sie sich vor, Sie sind ein kreativer Mensch und haben eine richtig tolle Idee für fantastische Postkarten. Dann müssten Sie natürlich extrem viele Postkarten verkaufen, um auch nur einen Teil Ihres Lebensunterhalts daraus bestreiten zu können. Aber sie könnten den Kern dieser Idee nutzen und mit anderen Produkten und Dienstleistungen ergänzen, etwa Papeterie, Kalender, Grafikdesign usw.

- Die Idee ist toll, aber der Zeitpunkt passt einfach nicht. Ich hatte mich schon einmal in ein wirklich tolles Veranstaltungskonzept hineingeträumt und es würde mir immer noch Spaß machen, diese Dinge umzusetzen. Irgendwann wurde mir jedoch bewusst, was die Umsetzung dieses Traums bedeuten würde: viele Abende und Wochenenden, an denen ich eingespannt wäre – zwar mit tollen Dingen, aber wollte ich das wirklich, solange meine Kinder noch so klein sind? Das passte einfach nicht. Aber vielleicht lässt sich die Idee zu einem späteren Zeitpunkt umsetzen, wenn die Kinder größer sind.

Ob eine Idee uns wirklich entspricht, erkennen wir auch, wenn wir das Motiv für unseren Existenzgründungswunsch einmal näher betrachten. Menschen haben ganz unterschiedliche Beweggründe, warum sie ein Business gründen. Aber ich denke, das beste und erfolgversprechendste Motiv ist, sich selbst zu leben.

Wenn ich meine Idee umsetzen möchte, weil ich dabei genau das tun kann, was mich ausmacht, was meine Leidenschaft oder, wie John Strelecky[27] es ausdrückt, der Zweck meiner Existenz ist, dann habe ich mit Sicherheit etwas gefunden, das wirklich mir entspricht und das ich durch alle Höhen und Tiefen hinweg durchziehen kann.

Natürlich gibt es auch andere wichtige Motive, z. B. Geld zu verdienen. Ich denke, dass es Menschen gibt, für die auch solch ein Motiv reicht und die sich für eine Idee begeistern können, wenn sie wissen, dass sie Geld bringen wird, und diese dann zum Erfolg treiben. Das Hauptmotiv ist dann die Freude am Geldverdienen. Und das ist natürlich vollkommen in Ordnung.

Aber viele Menschen verbinden mit dem reinen Akt des Geldverdienens wenig Freude. Für sie sind andere Motive bedeutender. Und deshalb ist es wichtig, dass die Business-Idee genau das persönliche Motiv des Gründers trifft. Sonst wird aus dem Geldverdienen schnell eine Last, Schwere kehrt ein, obwohl sich doch Gründer meist Leichtigkeit und Freude im Geschäft wünschen!

Es lohnt sich auch hier, möglichst ehrlich Fragen zu beantworten, z. B.:

• Warum will ich genau diese Idee umsetzen und keine andere?

• Warum will ich überhaupt ein Unternehmen gründen?

• Was verspreche ich mir von der Umsetzung?

• Was möchte ich mit meinem Unternehmen erreichen?

Bei unserem Fallbeispiel, der Entstehung des *Glücksbuchladens* in Wuppertal, war eines der Hauptmotive der Gründerin ihre Begeisterung für Bücher und fürs Lesen. Natürlich wollte sie auch einen Job haben, um ihren Lebensunterhalt zu verdienen. Aber der Grund, weshalb Sie gerade einen Buchladen gegründet hat und nicht einen Kosmetiksalon, einen Waschsalon oder eine Kneipe, war, dass sie Bücher liebte und irgendwann wusste, dass dies genau der richtige Schritt für sie war.

11.4 Innere Klarheit schaffen

Unabhängig davon, ob Sie gerne ausführliche Planungen machen oder nicht, sollten Sie für sich selbst über einige wichtige Punkte Klarheit haben. Bestimmte Schritte empfehle ich immer wenigstens in einem minimalen Rahmen zu erledigen.

Insbesondere empfehle ich eine grobe Übersicht über die voraussichtlichen Ausgaben und notwendigen Einnahmen pro Monat, um die Größenordnung vor Augen zu haben, welche Preise man verlangen und wie viel Zeit man arbeiten müsste, um seinen Lebensunterhalt bestreiten zu können u. Ä. Daraus können sich wichtige zusätzliche Ideen entwickeln.

Auch die Frage, mit welchen Menschen Sie zu tun haben möchten, ist sehr wichtig. Man spricht von Zielgruppendefinition, die ich jedoch nicht unbedingt im klassischen Sinne empfehle.

Zielgruppendefinition

In fast jedem Seminar oder Buch zur Existenzgründung oder zum Thema Business Cases wird darauf hingewiesen, wie wichtig die Definition der Zielgruppe ist. Unter anderem sollte demnach jeder Gründer und jeder Selbstständige wissen:

* wer seine Zielgruppe ist,

* was deren Bedürfnisse sind,

* wie deren Bedürfnisse vom Gründer erfüllt werden können,

* welchen Preis diese Zielgruppe zahlen kann und will

* und wie sich diese Zielgruppe erreichen lässt.

Ich will nicht sagen, dass man nie eine solche Zielgruppendefinition braucht, aber es kommt sehr stark darauf an, was ich tatsächlich anbieten möchte. Letztlich ist das Kategorisieren in Zielgruppen ja nur ein sehr ungenaues „Sortieren in Schubladen".

Was ist, wenn ich etwas ganz Neues anbieten möchte, von dem ich gar nicht wissen kann, wer so etwas gebrauchen kann? Vielleicht spüre ich intuitiv, dass es dafür einen riesigen Bedarf gibt, aber ich kann einfach nicht formulieren und greifen, wer genau der Empfänger ist? Wie viele Fehleinschätzungen gab es schon in der Geschichte, wo niemand ahnte, welcher Bedarf aus einem Produkt entstehen würde?

Wenn ich mich selbstständig mache, um etwas zu tun, das mir Freude macht, dann sollte ich primär davon ausgehen, was ich gern tun möchte, und nicht direkt von der Zielgruppe. Das Ganze ist eine Art interagierendes Netzwerk.

Beispiel:

Eine Freundin von mir ist Schneiderin und fertigt sehr schöne, hochwertige Kleidungsstücke und Accessoires, meist aus hochwertigen Naturmaterialien. Um diese Dinge mit Gewinn zu verkaufen oder gar davon leben zu können, müsste sie sehr hohe Preise dafür verlangen. Es gibt aber nur eine bestimmte Klientel, die bereit ist, so viel Geld für individuelle Kleidungsstücke und Accessoires auszugeben.

Sie ist selbst ein kreativer, sehr bodenständiger, ökologisch bewusster und spiritueller Mensch. Im Gespräch fragten wir uns: Sind die Menschen, die bereit wären, das Geld für ihre Kreationen auszugeben, Menschen, mit denen sie gerne zusammenwirken möchte? Gibt es da eine innere Resonanz? Die Antwort war ziemlich eindeutig „Nein". Also wäre es für sie absolut nicht authentisch, für diese Zielgruppe zu arbeiten. Sie braucht also andere Ideen, mit welchen Leistungen sie Menschen erreichen kann, die zu ihr passen.

Meiner Meinung nach geht es auch darum, zu erkennen, welche Funktion der Businessplan hat. Er ist ein Werkzeug, das mir helfen kann, klarer zu sehen. Aber wir neigen schnell dazu, uns aus einer solchen Planung Mauern zu bauen und den Plan als den einzigen Weg zu sehen statt als einen Wegweiser, den wir jederzeit wieder neu ausrichten können.

So merkte ich etwa bei meinem Projekt, dieses Buch zu schreiben, dass ich anfing, mir durch den Businessplan, den ich vor allem aus verschiedenen formalen Gründen erstellt hatte, Stress zu machen: „Oh je, ich liege schon einen Monat hinter dem Plan! Mein Buch muss fertig werden!"

Sie können sich vorstellen, wie wenig förderlich für kreatives Arbeiten und Schreiben solche Gedanken sind. Zum Glück durchschaute ich sie schnell und konnte etwas Neues wählen: nämlich meinen eigenen Weg zu gehen, mir anzuschauen, wie viel Puffer ich hatte, um meinen Plan umzusetzen, mein Vertrauen zu stärken und Schritt für Schritt weiterzugehen.

11.5 Bin ich gut genug für die Selbstständigkeit?

Ich möchte einmal mit einem alten Ausspruch antworten: „Man wächst mit seinen Aufgaben." Diese alte Weisheit sollten sich meiner Meinung nach insbesondere Existenzgründer immer wieder vor Augen halten. Viele Menschen zögern damit, etwas auf die Beine zu stellen oder ihren Traum zu leben, weil sie glauben, noch nicht gut genug zu sein. Und je mehr Seminare und Weiterbildungen jemand gemacht hat, desto stärker wächst oft die eigene Verunsicherung statt der eigenen Sicherheit.

Dies ist natürlich kein Plädoyer für Pfusch und unprofessionelles Arbeiten. Es ist ein Plädoyer dafür, das eigene Licht nicht kleiner zu machen, als es ist, und Professionalität nicht mit Perfektionismus zu verwechseln.

Auch im Wuppertaler *Glücksbuchladen* war es so, dass die Inhaberin zuerst langsam mit ihren Veranstaltungen begann. Zuerst gab es nur klassische Autorenlesungen, dann engagierte sie für ihre Lesungen Schauspieler. Und schließlich wagte sie es auch irgendwann, selbst zu lesen, und inzwischen gehört sie in der Stadt tatsächlich zu den gefragten Vorleserinnen und bekommt immer mehr entsprechende Anfragen.

Wer immer nur darauf wartet, wann er endlich das perfekte Angebot hat, und sich nie für gut genug erachtet, wartet möglicherweise sein Leben lang. Daher empfehle ich immer, wenigstens in kleinen Schritten einfach anzufangen.

11.6 Von Formalitäten nicht entmutigen lassen

Gerade in Deutschland werden – so mein Empfinden – Selbstständigen jede Menge Hürden in den Weg gestellt. Seien es unklare Bestimmungen, wann man z. B. ein Gewerbe anmelden muss, hohe Sozialbeiträge oder andere Formalitäten. Aber ich empfehle jedem, sich nicht davon entmutigen zu lassen. Wir neigen oft dazu, diese Dinge innerlich bekämpfen zu wollen, indem wir sie ablehnen. Das funktioniert natürlich nicht wirklich und blockiert uns nur selbst.

Daher empfehle ich, auch diese Dinge einmal in ihrer Energie zu erhöhen, sodass wir sie locker angehen können. Außerdem gibt es viele Menschen, die sich in dem Paragrafendschungel auskennen, und es lohnt sich, hier Beratung einzuholen, sodass die Last nicht an einem selbst kleben bleibt.

12 Eine größere Vision

Zum Abschluss des inhaltlichen Teils dieses Buches möchte ich den Faden, mit dem wir begonnen haben, etwas weiterspinnen. Denn das „schwerelose Unternehmen" ist nur ein dünner Zwirn in dem großen Gewebe namens Wirtschaft, die wiederum ein Teil im größeren Gefüge namens Erde ist, die wiederum nur ein winziger Teil im gigantischen Kleid des Universums ist.

Unter dem Motto *Natürliche Effektivität im Business* liegen mir persönlich vor allem drei Aspekte am Herzen, zu deren Entwicklung ich gerne beitragen möchte:

- dass sich „Arbeiten" zu einem freudigen „Erschaffen" wandelt, in dem die Grenzen zwischen Arbeit, Spiel und Leben immer mehr verschwinden,

- dass sich die Wirtschaft schrittweise zum Dienstleister für die Menschen entwickelt und die Menschheit darin unterstützt, ein freies, selbstbestimmtes Leben zu führen, und

- dass ein Leben und Arbeiten im Einklang mit der Natur wieder selbstverständlich wird, nicht nur weil unser physisches Überleben es verlangt, sondern weil ein Teil unserer Kraft hierin verborgen liegt.

Die Umsetzung einzelner Schritte des vorliegenden Buches *Das schwerelose Unternehmen* kann diese Vision wirkungsvoll unterstützen.

12.1 Wie Arbeit zum Spiel wird

Während ich meine Kinder in den ersten Jahren beim Spielen beobachtete, spielten sie sehr oft „Arbeit". Dieser Begriff war noch nicht negativ belegt. Es war Spaß. Dennoch sagten die Kinder gewichtig: „Ich arbeite!" Diese kindliche, spielerische Leichtigkeit ist es, die wir alle vermissen.

Vor längerer Zeit stellte ich bei mir selbst fest, dass ich mit dem Begriff „Arbeit" eine ganz dunkle, schwere Energie verband. Daraufhin malte ich mir ein fröhliches Bild mit dem Begriff „Arbeit", das jetzt an meinem Schreibtisch hängt und mich immer wieder daran erinnert, dass „Arbeit" nur ein anderer Begriff für „Erschaffen" ist und nichts, was schwer sein muss.

Der Großteil unserer Bevölkerung führt ein Leben, das mindestens zweigeteilt ist: Arbeitsleben und Privatleben. Häufig spielen wir im Job eine ganz andere Rolle als zu Hause. Und nur wenige Menschen freuen sich täglich auf ihre Arbeit. Sie tun sie, um zu überleben.

Wenn wir von einem 24-Stunden-Tag nur sechs Stunden Schlaf abziehen, verbringen die meisten Menschen immer noch mehr als die Hälfte des aktiven Tages im Job. Und häufig werden Kochen, Einkaufen und Haushalt ebenfalls als „Arbeit" empfunden, sodass für „schöne Dinge" kaum noch Zeit bleibt. Kein Wunder, dass Burnout und Depressionen auf dem Vormarsch sind.

Mir ist bewusst, dass unsere Gesellschaft, ja unser Menschsein darauf basiert, dass wir arbeiten, aber arbeiten im Sinne von „Erschaffen", nicht im Sinne von „Dinge tun, die keinen Spaß machen, nur anstrengend sind und mir nicht entsprechen".

Wie lässt sich dies aber ändern? Viele Leser werden denken: „Ich kann doch nicht einfach nur noch machen, was mir Spaß macht?" Auch hier gibt es natürlich viele Wege, wie wir uns diesem Ziel nähern können:

1. Ich kann mir immer wieder bewusst machen, dass ich eine Wahl habe – dass die meisten Dinge, die wir tun, keine Lebensnotwendigkeit sind, gerade in einem Staat wie Deutschland, wo so schnell kein Mensch mehr verhungert oder erfriert. Das heißt, ich habe sehr wohl die Wahl, ob ich früh zur Arbeit gehe, ob ich aufräume und putze – aber natürlich hat meine Wahl Konsequenzen. Da uns diese Konsequenzen oft nicht gefallen, bekommen wir das Gefühl, dass wir all diese Dinge tun *müssen*. Aber für unser Emotionalgehirn macht es tatsächlich einen Unterschied, ob wir uns dafür entscheiden, weil wir diese Wahl treffen wollen, oder weil wir „müssen".

2. Ich kann mich entscheiden, alle Dinge, die ich tue, mit Liebe zu tun. Diese Wahl habe ich immer. Ja, ich kann sogar mit Liebe das Klo putzen und mich daran erfreuen, dass es danach wieder so schön blinkt und mir wunderbar dient, indem ich sehr bequem meinen Körper von seinen Abfallstoffen befreien kann und nicht irgendwo in der Kälte über einem Loch hocken muss.

3. Wenn es Dinge gibt, bei denen ich merke, dass ich sie einfach nicht mit Liebe tun kann, weil es mir widerstrebt oder mir nicht entspricht, kann ich nach Alternativen suchen. Ich kann mir einen Job suchen, den ich mit Liebe tun kann – mit Sicherheit werde ich ihn besser machen als den alten, verhassten Job. Ich kann mir eine Putzhilfe nehmen, wenn ich Putzen so sehr hasse. Und wenn ich mir keine leisten kann, kann ich schauen, ob ich für jemanden im Ausgleich etwas anderes tun kann, statt Geld zu zahlen. Es gibt immer Möglichkeiten, aber wir begrenzen uns sehr oft selbst.

4. Wenn ich mehr Freude bei der Arbeit haben möchte, ist es wichtig, mir bewusst zu machen, was mich denn tatsächlich innerlich erfüllt. Häufig stecken wir so sehr in den erlernten Mustern fest, dass wir gar nicht merken, dass wir etwas tun, das uns nicht entspricht. Wir schimpfen, meckern und fühlen uns mies, aber oft sind wir nicht bereit, hinzuschauen, was es denn an Alternativen gibt. Manchmal müssen wir dazu erst einmal allerhand Dinge beiseite räumen, d. h. unsere Wahrnehmungsfilter putzen. Ich habe viele Jahre in einem Job gearbeitet, der mich nicht erfüllte, weil ich einfach nicht wusste, was ich stattdessen tun wollte. Um das herauszufinden, brauchte ich viel Zeit und Freiraum. Aber es hat sich gelohnt!

5. Ich kann lernen, inspiriert zu handeln und im Fluss des Lebens zu schwimmen statt dagegen. Dazu gehört es, meine Intuition wahrzunehmen und danach zu handeln. Wenn mein Bauch gerade „Nein" sagt, tue ich etwas anderes, das sich richtig anfühlt. Wenn die Dinge im Fluss sind, wenn sie passen, dann machen sie meist auch Spaß, weil wir vorankommen. Bügeln z. B. ist nicht gerade meine Lieblingsbeschäftigung. Ich tue es selten, aber es gibt tatsächlich Momente, wo ich Lust zum Bügeln habe, wo es okay ist,

das zu tun, und es mir sogar Freude macht. Daher bügele ich möglichst in diesen Augenblicken.

6. Ich kann die hier vorgestellten Instrumente nutzen und in jedem Augenblick meine Energie so erhöhen, dass ich die Dinge, die zu tun sind, mit Leichtigkeit und Freude erledige. Aus einer hohen Energie heraus macht fast jede Tätigkeit Spaß!

Das sind einige Gedanken, wie jeder Einzelne mehr Freude in sein tägliches Tun bringen kann.

Natürlich gibt es hier auch für Unternehmen jede Menge zu tun – z. B. Ideen aus diesem Buch umzusetzen.

Das wichtigste für Unternehmen ist aus meiner Sicht, ihre Mitarbeiter als Menschen zu sehen und jeden einzelnen davon zu ermutigen, sich so zu zeigen, wie er ist. Authentische Mitarbeiter bringen einfach die besseren Leistungen.

Meine Vision:

Die Grenzen zwischen Leben und Arbeit verschwinden. Und zwar nicht, weil wir nur noch arbeiten, sondern weil wir mit Freude erschaffen, weil wir keine Trennung brauchen. Natürlich können wir den Tag nach bestimmten Tätigkeiten, Aufgaben oder Zeiten strukturieren. Aber wir brauchen keine Work-Life-Balance mehr – weil unsere *Arbeit* in Verbindung mit unserem *Sein* steht. Weil wir mit Leichtigkeit und Freude erschaffen – Dinge für unseren Lebensunterhalt, Essen, die Betreuung von Kindern u. v. m.

12.2 Wirtschaft im Dienst der Menschen

Die Wirtschaft ist einer der wichtigsten Bausteine unserer Gesellschaft. Aber ich habe den Eindruck, dass sich dieses ganze Konstrukt zur Versorgung der Menschen mit Waren und Dienstleistungen vollkommen verselbstständigt hat. Denn grundsätzlich sollte die Wirtschaft im Dienst der Menschen stehen, d. h. uns Menschen helfen, all die Dinge herzustellen und zu verteilen, die unser Leben leichter, schöner und heller machen.

Stattdessen hat die Wirtschaft eine Art Eigenleben entwickelt, indem die Menschen der Wirtschaft dienen. Das ist grotesk! Ein ganzer Dienstleistungs- und Forschungszweig – genannt Marketing – beschäftigt sich zu einem großen Teil damit, Menschen Dinge schmackhaft zu machen, die sie eigentlich gar nicht brauchen. Natürlich hat Marketing auch wichtige Funktionen, insbesondere informativer Art. Aber allzu oft geht es nicht einfach nur um die Information und eine ansprechende Präsentation, sondern um Manipulation.

Der Menschheit zu dienen bedeutet für mich stattdessen:

1. Dinge zu produzieren und anzubieten, die Menschen tatsächlich brauchen und nachfragen, nicht umgekehrt,

2. dazu beizutragen, dass Vielfalt entsteht, aus der Menschen wählen können, die aber nicht die Menschen erschlägt,

3. dazu beizutragen, dass Waren und Dienstleistungen gleichmäßig verteilt werden, sodass jeder z. B. Äpfel bekommen kann, nicht nur derjenige, der selbst einen Apfelbaum besitzt. Aber dazu müssen die Äpfel nicht um den halben Erdball reisen, sondern sollten am besten von einem regionalen Obsthof stammen.

4. Möglichkeiten zu bieten, durch die Menschen sich mit ihren Fähigkeiten einbringen können und einen Rahmen bekommen, in dem sie Dinge gemeinsam mit anderen erschaffen können.

Natürlich bedeutet Dienen nicht, dass die Unternehmen keinen Gewinn machen dürfen – aber möglichst im hier beschriebenen Sinne, nicht im rein finanziellen Bereich. Alle an der Wirtschaft Beteiligten sollen für Ihren Dienst Lohn und Gewinn bekommen. Aber wenn ich Gewinn dafür bekomme, dass ich anderen etwas aufschwatze, das sie eigentlich nicht brauchen, dass ich die Arbeitskraft von Menschen ausnutze und sie damit schwäche, nicht stärke, dann ist das Betrug und Gewalt – kein Dienen.

Wenn sich die Wirtschaft in diese Richtung entwickelt, werden wir auch immer weniger Schwierigkeiten mit dem vierten Baustein des Unternehmensleitbildes haben – der Nachhaltigkeit –, weil dann nur noch so viel produziert wird, wie auch wirklich benötigt wird.

12.3 Leben und Arbeiten im Einklang mit der Natur

Ökologische Themen wie nachhaltiges Wirtschaften, Umwelt- und Klimaschutz sind zwar in aller Munde, aber ihre praktische Umsetzung kommt vor allem in der Wirtschaft nur sehr langsam voran. Hierfür sehe ich vor allem zwei Gründe:

1. Dadurch, dass die Wirtschaft nicht bedarfsgerecht, sondern bedarfsschaffend produziert, werden natürliche Ressourcen viel zu stark beansprucht.

2. Dadurch, dass sich der Mensch als getrennt von der Natur empfindet, entsteht eine künstliche Barriere und wird verhindert, dass wir gemeinsam mit der Natur arbeiten.

Der erste Punkt wurde bereits unter 12.2 besprochen. Ich möchte dazu nur noch ergänzen, dass ich Chancen für mehr qualitatives Wachstum sehe, wenn wir beginnen, die Dinge zu produzieren, die uns wirklich Freude machen, und wenn wir einen großen Teil unserer Erfüllung aus der Arbeit, also dem Prozess des Erschaffens beziehen statt aus blindem Konsum.

Als wirklich grundlegend empfinde ich den zweiten Punkt – die Einheit von Mensch und Natur.

Vielen Menschen gelingt es im Zustand der Meditation, sich tatsächlich als eins mit der Natur wahrzunehmen. Aber noch wichtiger ist es, uns auch im Alltag auf die eigene Verbundenheit mit der Natur zu fokussieren, ohne in Panik ständig die Aufmerksamkeit auf die unhaltbaren Zustände, die Umweltzerstörung und Ähnliches zu richten. Denn wie wenig förderlich solches Verhalten ist, habe ich auf den vorangegangenen Seiten immer wieder erläutert.

Im Laufe der Evolution hat die Menschheit zuerst begonnen, die Natur zu fürchten und sich davor zu schützen, um sich dann im nächsten Schritt deren Ressourcen zunutze zu machen, was wiederum zu der Tendenz führte, die Natur auszuschlachten, bis nichts mehr übrig ist.

Wenn wir unser Bewusstsein erweitern, von der Trennung hin zur Einheit, haben wir die Chance, mit der Natur zusammenzuwirken, uns als

Teil der Natur zu erleben. Es geht auch nicht darum, die Natur einfach nur zu schützen, denn auch dabei sind wir mit unserem Fokus häufig noch im Dunkeln und Schweren, sondern es geht darum, die Natur zu lieben und uns als Menschheit wieder als Teil der Natur wahrzunehmen. Liebe zur Natur lässt sich nicht lehren. Sie lässt sich nur erfahren, am besten im direkten Kontakt.

Meine Vision von der Welt ist, dass unsere gesamte Wirtschaft und unser Leben von diesem Gefühl der Einheit mit der Natur geprägt werden. Dass wir die Natur als Partnerin sehen, die uns mit wundervollen Dingen versorgt, wenn wir ihr den Raum geben. Arbeit in und mit der Natur kann äußerst erfüllend sein, weil die Natur nicht wertet. Sie nimmt uns immer als das an, was wir sind.

Ich habe mich früher viel mit Umweltmanagement befasst, hatte aber immer das Gefühl, dass diese Konzepte zu kurz griffen. Im Einssein mit der Natur zu agieren ist eine Basis für unser Handeln – kein Ziel im eigentlichen Sinne, sondern ein Weg. Deshalb ist es meine Vision, dass sich die Menschheit als Ganzes wieder als Teil der Natur wahrnehmen kann und die liebevolle Arbeit in und mit der Natur ein integraler Bestandteil unserer Wirtschaft wird.

Zusammenfassung von Teil 3:

- Es gibt sehr viele Wege, energetisch-intuitiv den Weg zum schwerelosen Unternehmen zu gehen.
- Grundsätzlich gilt: Immer erst die Energie erhöhen, möglichst mit Reflexionspause, dann handeln.
- Regelmäßig Wertschätzung zu üben ist ein Kernbestandteil des schwerelosen Unternehmens.

Wenn wir authentisch handeln und immer wieder bewusst wählen, ob wir gerade unseren Fokus auf etwas Unangenehmes richten oder lieber eine helle, weite Energie erleben möchten, wird unser Arbeitsalltag automatisch immer leichter, heller und weiter.

Teil 4

Werkzeuge für die Wandlung
zum schwerelosen Unternehmen

13 Werkzeuge

Im Laufe dieses Buches wurden zahlreiche Werkzeuge vorgestellt, die Sie konkret nutzen können, um Ihre Intuition im Alltag zu fördern und um Ihre Aufmerksamkeit besser auf das Positive ausrichten zu können. In diesem Abschnitt werden alle vorgestellten Werkzeuge zum schnellen Nachlesen noch einmal dargestellt und erläutert.

Gerade in dieser kompakten Übersicht werden Sie sehen, dass die Werkzeuge alle ineinandergreifen. Am besten ist es, wenn Sie sie alle einmal ausprobieren und ein wenig trainieren, dann können Sie nach Herzenslust mixen und sie genau so anwenden, wie es sich für Sie richtig anfühlt.

Vielleicht wundern Sie sich über den Begriff „trainieren". Aber auch wenn die „Werkzeuge" simpel klingen, ist es wie mit jedem Werkzeug: Je besser wir es beherrschen, desto freier und flexibler können wir es nutzen.

13.1 Die Fokusoptimierung

Die Methode zur Fokusoptimierung nach Bodo Deletz[17] hilft dabei, unsere Energien zu bestimmten Themen, Menschen, Situationen, Gefühlen und Gedanken und damit die Auswirkung unserer Wahrnehmungsfilter ganz einfach und direkt wahrzunehmen und zu überprüfen.

Dabei bedient sich diese Methode einer einfachen Symbolsprache. Sie ist sehr effizient insbesondere in Bezug auf das Wahrnehmen der Energien, aber kann auch dabei helfen, unseren Fokus tatsächlich zu verändern. Durch die Symbolik / das Spüren arbeiten wir hier direkt mit der rechten Gehirnhälfte, ohne die linke ganz außer Acht zu lassen. So können viele Themen sehr wirkungsvoll bearbeitet werden.

Ablauf:

1. Denken Sie an ein Thema (z. B. eine Entscheidung, eine Situation oder ein wichtiges Ereignis) in Ihrer Firma, bei dem Ihnen wichtig

ist, einen möglichst positiven Fokus einzunehmen. Wenn Ihnen die Wahrnehmung so leichter fällt, schließen Sie dazu die Augen – vor allem am Anfang zur Übung. Beantworten Sie die folgenden Fragen intuitiv aus dem Bauch heraus, wie ein Kind das tun würde. Gehen Sie das Ganze locker und spielerisch an – es reicht, wenn Sie ein ungefähres Gefühl haben.

2. Wenn Sie die Energie dieses Themas wahrnehmen könnten (so wie es sich zurzeit darstellt, nicht, wie Sie es haben möchten!), z. B. als eine Energiewolke oder irgendein Objekt wie eine Kugel oder ein anderer Körper, wäre diese Energie dann eher hell oder eher dunkel?

3. Wäre sie eher schwer oder eher leicht? (Schauen Sie sich z. B. verschiedene Materialien in Gedanken an, Blei oder Styropor, Watte oder Beton …)

4. Wäre die Energie eher weit oder eher eingeengt?

5. Würde diese Energie eher Kraft spenden oder Kraft rauben?

6. Würde sie eher nach oben oder eher nach unten ziehen?

7. Wenn Sie (möglichst) alle fünf Eigenschaften wahrgenommen haben, können Sie sich die Frage stellen: Möchte ich diesen Fokus beibehalten und schöpfe ich damit bereits alle meine Möglichkeiten aus? Möchte ich diese Energie so erleben? Wenn nicht, dann lassen Sie jetzt bewusst die tatsächlich wahrgenommene Energiewolke oder das wahrgenommene Objekt nach oben aufsteigen und beobachten Sie, wie sie sich dabei verändert. Sollte sie sich nicht nach oben bewegen, können Sie versuchen, einen anderen Parameter zu verändern, z. B. die Energie heller oder weiter zu machen. Wenn das auch nicht geht, dann heißt es, dies erst einmal zu akzeptieren und nicht noch mehr Aufmerksamkeit hinein zu geben. Legen Sie das Thema beiseite. Vielleicht finden Sie einen anderen Aspekt der Thematik, mit dem es besser funktioniert.

8. Wenn es mit der Erhöhung geklappt hat: Suchen Sie nach Energieresten an der alten Position des Themas und lassen Sie diese

ebenfalls aufsteigen – so lange, bis Sie keine Energiereste mehr finden.

9. Erinnern Sie sich zum Abschluss an die Ausgangsposition der Energie, die Sie wahrgenommen haben, auf ihrer alten Position und werfen Sie sie mit einem gefühlten „Wuuusch!" ganz hoch und genießen Sie oben für ein paar Sekunden das schöne Gefühl. Wiederholen Sie dieses schnelle „Wusch" fünfmal! Das ist wichtig, um die Veränderung im Unterbewusstsein zu verankern.

10. Denken Sie jetzt an das Ausgangsthema – wie fühlt sich das Thema nun an? Spüren Sie eine Veränderung? Wie denken Sie jetzt darüber? Wenn Sie überhaupt keine Veränderung spüren, kann es sein, dass Sie die Energie und damit Ihren Fokus nicht wirklich verändert haben, sondern nur in Ihrer Fantasie. In diesem Fall legen Sie das Thema bitte ebenfalls noch beiseite. Wenn Sie sich in Bezug auf das Thema besser fühlen und/oder Ihnen neue, positive Gedanken dazu kommen, dann haben Sie erfolgreich Ihren Fokus verändert.

Es kann allerdings auch sein, dass Sie Ihren Fokus durchaus verändert haben, aber nicht direkt eine Veränderung spüren – das passiert vor allem dann, wenn Sie den Prozess mit Ihrem Verstand beobachten und sozusagen auf die Veränderung lauern. Eventuell bemerken Sie dann erst später eine Veränderung, wenn Sie nicht mehr bewusst darüber nachdenken. Generell ist es eine gute Idee, während der Fokusoptimierung möglichst wenig nachzudenken und zu analysieren, denn oft blockiert das nicht nur die Wahrnehmung der Veränderung, sondern sogar den gesamten Prozess und damit den Erfolg.

Falls es Ihnen schwerfällt, die Energie zu spüren – egal ob direkt als Energie in Ihrem Körper, um Sie herum oder als ein Symbol vor Ihrem inneren Auge wie eine Wolke, Kugel o. Ä., können Sie die Abbildung auf der nächsten Seite nutzen, um zu entscheiden, wo sich das Thema zurzeit befindet. Eine farbige Version der Skala liegt diesem Buch als Lesezeichen bei. Alternativ können sie auch wieder die Beispielobjekte aus Abbildung 14 nutzen.

Angenommen, Sie ordnen Ihr Thema am ehesten dem schwarzen Bereich ganz unten zu, dann stellen Sie sich die Energie dort vor und schieben sie kraft Ihrer Gedanken so weit nach oben, wie es ohne großen Widerstand geht – so oft, bis Sie tatsächlich spüren, dass das Thema nun eher in den oberen Bereich der Abbildung fällt. Sie brauchen keine konkrete bildliche Vorstellung von der Energie – wichtig ist nur, dass sie auf dem Weg nach oben heller, leichter, weiter usw. wird.

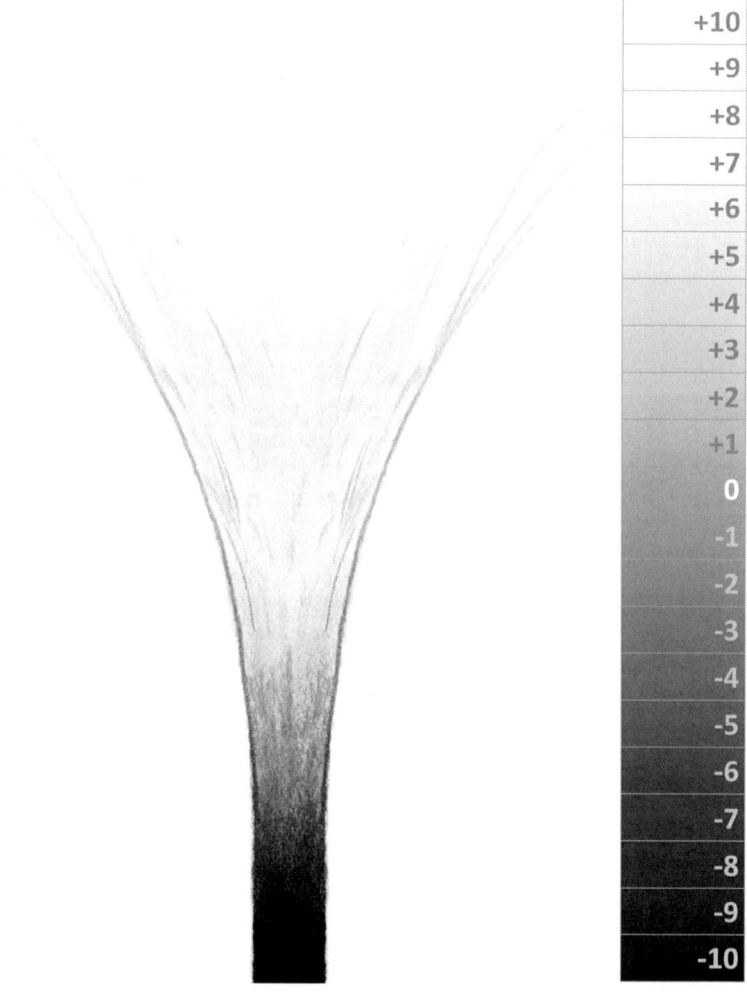

Abb. 21: Skala zur Fokusoptimierung

Wenn das Erhöhen der Energie nicht funktioniert, gehört das Thema vorerst auf Ihre „Auftragsliste Unterbewusstsein" (siehe nächsten Abschnitt).

Selbstverständlich lässt sich diese Methode auch hervorragend im Privatleben und bei allen Belangen des Alltags anwenden.

13.2 Auftragsliste für das Unterbewusstsein

Unser Unterbewusstsein kann sehr viel für uns leisten. Bei allen Themen, bei denen wir spüren, dass wir mit der Methode zur Fokusoptimierung nicht weiterkommen, weil die Energie sich nicht erhöhen lassen will und wir unseren Fokus trotz besseren Wissens einfach nicht verändert bekommen, kann es sehr hilfreich sein, eine „Auftragsliste" für unser Unterbewusstsein anzulegen. Wer gläubig ist, kann die Liste auch gerne an „Gott" übergeben – aber unser Unterbewusstsein ist genauso wirksam.

Sie können die Liste tatsächlich schriftlich auf einem Blatt, im Computer oder in einem hübschen Tagebuch anlegen – oder auch einfach nur in Gedanken. Wer es gerne spielerisch mag, kann die Themen auch in eine gedankliche Schatztruhe oder etwas Ähnliches geben.

Bei der Arbeit mit der Liste ist nur wichtig, dass Sie die Themen dort hingeben und dann Ihre Aufmerksamkeit anderen Dingen zuwenden. Es geht darum, sich eben nicht an Problemen festzubeißen – egal ob es ein Glaubenssatz ist, der sich nicht ändern lässt, eine emotionale Kopplung oder auch ein konkretes Thema in der Firma.

Nützlich ist es, die Auftragsliste auch mit dem dritten Werkzeug (den Fragen, siehe nächsten Abschnitt) zu verknüpfen. Das heißt, wenn Sie das Thema auf die Auftragsliste für das Unterbewusstsein setzen, können Sie dies mit einer Frage abschließen, z. B.: „Wie lässt sich das Thema zeitnah mit Leichtigkeit lösen?"

Dinge für die Auftragsliste sind zum Beispiel:

- Alle Situationen und Themen, bei denen sich der Fokus mit der Fokusoptimierungsmethode nicht verändern lässt

- Themen, um die Sie sich im Augenblick nicht kümmern können (z. B. eine emotionale Energie, die Ihnen mitten in einem Meeting auffällt)

- Probleme, die gerade zu komplex erscheinen und für die Sie – auch nach Fokusoptimierung – keine Lösung finden

- Alles, was Ihnen irgendwie die „Sicht vernebelt" – sprich: verhindert, dass Sie Ihren Fokus positiv ausrichten können

13.3 Die Kraft der Fragen

Fragen öffnen Türen, durch die das Leben uns Antworten schicken kann, die unser Verstand niemals hätte ersinnen können.

Von klein auf lernen wir, Antworten zu suchen und Antworten zu geben. Dabei bringen Antworten uns nicht immer wirklich weiter. Viel wichtiger sind Fragen. Warum?

Viele Antworten begrenzen uns. Sie fügen unserem riesigen Archiv von Überzeugungen, Glaubenssätzen, Urteilen und Annahmen einfach noch weiteres Material hinzu. Oft lassen sie uns blind werden gegenüber anderen Möglichkeiten. Antworten schließen Türen.

Die Alternative? Fragen! Fragen öffnen uns und heben Grenzen auf. Sie laden neue Ideen ein, die vielleicht noch kein Mensch erdacht hat. Die Kraft der Fragen wirkt, wenn wir nicht zeitgleich schon wieder mit unserem Verstand nach Antworten suchen, sondern diese stattdessen direkt *erfahren*.

Alles, was wir zu tun brauchen, ist aufmerksam zu sein und anzunehmen, was sich uns präsentiert. So durchbrechen wir den Kreislauf der ständigen Suche und verbinden uns mehr und mehr mit dem Leben.

Welche Frage wollen Sie heute stellen?

- Wie kann es noch leichter gehen?

- Was brauche ich bzw. was braucht mein Projekt / meine Firma / mein Team, damit es noch besser läuft?

- Welche neuen Dinge / Menschen / Erlebnisse möchte ich in mein Leben / in meinen Unternehmensalltag einladen?

- Wie kann ich meine Fähigkeiten noch mehr einbringen?

- Welche Fähigkeiten halte ich noch zurück?

Finden Sie Ihre eigenen Fragen – egal ob groß oder klein. Sie sollten offen und positiv formuliert sein, damit sie die Aufmerksamkeit auch tatsächlich auf die Dinge lenken, die Sie möchten. Dann heißt es, loszulassen und immer wieder das Positive wertzuschätzen, das schon da ist – auch wenn es wenig ist.

Es ist wichtig, dabei achtsam und offen dafür zu sein, wie die Antwort zu uns kommt oder wie sie aussieht. Denn meist ist es ganz anders, als wir erwarten.

13.4 Die Macht des Zweifels

Zweifel gelten meist als etwas Negatives, Schwaches, Unsicheres. Aber Zweifel können auch sehr nützlich sein, wenn es darum geht, Glaubenssätze aufzulösen, die uns nicht mehr dienen.

Immer, wenn wir merken, dass wir an etwas glauben oder von etwas überzeugt sind, das uns nicht wirklich dienlich ist, können wir uns fragen, ob wir wirklich absolut sicher sein können, dass dieser Glaubenssatz der Wahrheit entspricht. Danach überlegen wir uns ein paar stichhaltige Argumente, warum es auch anders sein könnte. Ggf. wird dieser Vorgang so lange wiederholt, bis wir einen neuen, stimmigeren Glaubenssatz angenommen haben.

Wir können die Fokusoptimierung nutzen, um den neuen Glaubenssatz zu festigen bzw. vorab zu prüfen, ob ein bestimmter Glaubenssatz unseren Fokus dahin lenkt, wo wir auch hinmöchten (nach oben, ins Helle, Weite) oder ob er sich eher dunkel und schwer anfühlt. Wenn er sich nicht gut anfühlt, dann nutzen wir die Kraft des Zweifels, um diesen Glaubenssatz anzuzweifeln und zu verwandeln.

Manchmal sind Glaubenssätze sehr hartnäckig, besonders, wenn aus dem Glaubenssatz eine Überzeugung geworden ist. Dann können wir unserem Verstand nicht mehr mit Argumenten kommen. Er will einfach recht haben, weil er überzeugt ist, dass es so ist. In diesem Fall kann es auch helfen, sich zu fragen, wozu diese Überzeugung uns dient.

Ähnlich ist es manchmal mit Ängsten. Auch diese haben oft eine bestimmte Funktion für uns, z. B. uns vor irgendeiner vermeintlichen Gefahr zu schützen.

Beispiel:

Zum Beispiel könnten wir eine Überzeugung in uns entdecken, dass die Welt schlecht ist.

Wenn wir uns dann fragen, wozu uns diese Überzeugung dient, merken wir vielleicht, dass sie uns vor Enttäuschung schützen will. Denn wenn wir sowieso davon ausgehen, dass die Welt schlecht ist, dann ist es ja auch normal, wenn wir davon betroffen werden, und es kann uns nicht mehr „schocken".

Dieser Mechanismus hat uns vielleicht viele Jahre lang gedient. Aber indem wir uns unserer selbst und unseres Fokus in unserem Leben bewusster werden, merken wir, dass dieser Mechanismus uns nicht wirklich weiterbringt. Dann können wir z. B. die Methode zur Fokusoptimierung nutzen, um diesen Mechanismus zu entkräften.

Wir können jetzt, da wir wissen, warum wir diese Überzeugung haben, noch einmal Fakten sammeln, warum es auch anders sein könnte. So können wir auch unser Unterbewusstsein beauftragen, Fakten zu sammeln, die das Gegenteil zeigen, nämlich dass die Welt gut ist.

Wir könnten auch einfach anzweifeln, dass dieser Mechanismus uns noch nützlich ist, um es unserem Unterbewusstsein leichter zu machen, die Überzeugung zu verändern.

13.5 Kreative Ansätze

Grundlagen für die Nutzung von Kreativwerkzeugen

Vielen Menschen, die eher gewohnt sind, mit dem Verstand zu arbeiten, fällt es schwer, sich auf das Spüren der Energie von Themen einzulassen. Sie könnten es jederzeit lernen, aber es ist einfach zu ungewohnt, und häufig stoßen Menschen dabei auf Widerstände. Das gilt auch dann, wenn Sie ein Werkzeug suchen, das sie in Gruppenarbeiten oder im Team verwenden können. Um hier die rechte Gehirnhälfte mit ins Boot zu holen und intuitiver zu arbeiten, bieten sich verschiedene Formen kreativer Arbeit an.

Kreativwerkzeuge haben den Vorteil, dass Sie den Meisten etwas vertrauter sind. Es wird auch hier im Einzelfall noch Hemmschwellen geben, weil viele Menschen glauben, nicht malen oder singen zu können oder nicht kreativ zu sein. Abgesehen davon, dass diese Einschätzung sehr oft falsch ist und häufig eher aus Kindheitstagen stammt, kommt es überhaupt nicht darauf an, ob jemand tatsächlich kunstvoll zeichnen, malen, singen, töpfern oder Ähnliches kann.

Es geht einfach darum, Farben und Formen zu kreieren. Es darf durchaus ein „Krickelkrakel" wie bei einem Kindergartenkind werden oder, wenn man plastisches Material bevorzugt, irgendeine wilde, abstrakte Form. Das ist vollkommen egal.

Egal welches Kreativwerkzeug Sie am Ende wählen, ist der Ablauf immer ähnlich:

1. Stellen Sie sich – ähnlich wie bei der Fokusoptimierung – eine Frage, z. B.:

   • Wie sieht mein Fokus zu Projekt XY gerade aus, wohin richte ich meine Aufmerksamkeit?

   • Wie sieht mein Verhältnis zu Person X aus?

   • Wie ist meine unbewusste, ganzheitliche Wahrnehmung in Bezug auf …?

2. Stellen Sie Ihren Status quo in Bezug auf Ihre Frage dar (z. B. durch Malen, Zeichnen, Modellieren o. Ä.). Denken Sie dabei möglichst nicht rational nach und bewerten Sie Ihr Produkt nicht, sondern versuchen Sie einfach nur, Ihr Gefühl zu dem Thema spontan in eine sichtbare Form zu übertragen.

3. Betrachten Sie Ihr Werk. Wie empfinden Sie das, was Sie dargestellt haben? Entspricht es dem, was Sie über das Thema denken und fühlen?

   Wenn Sie unsicher sind, wie das Ergebnis wirkt, fragen Sie andere Menschen, denen Sie vertrauen, wie das Werk auf sie wirkt. Dabei können Sie sich immer an den fünf Parametern orientieren, also ob es hell oder dunkel wirkt, kraftvoll oder starr und leblos, weit oder eng, leicht oder schwer, aufstrebend oder absinkend.

   Wenn es Ihnen leichter fällt, können Sie auch aufschreiben, was Ihnen zu der Situation / dem Thema in den Sinn kommt, während Sie Ihr Ergebnis anschauen.

4. Im nächsten Schritt können Sie Ihre Intuition nutzen, um Ihren Fokus zu ändern. Dazu stellen Sie sich erneut eine Frage, z. B.:

   • Wie möchte ich die Situation stattdessen wahrnehmen?

   • Was ist die hellste Möglichkeit, in der ich diese Situation wahrnehmen könnte?

   • Welche Energie möchte ich stattdessen wählen?

5. Wenn Sie spüren, dass diese Fragen in Ihnen Widerstand hervorrufen, also z. B. dass Sie sich einfach nicht vorstellen können, dass es möglich ist, die Situation heller, weiter oder leichter wahrzunehmen, dann fragen Sie stattdessen:

   • Was ist der hellste, leichteste, weiteste und kraftvollste Weg, um diese Situation und/oder meine Wahrnehmung dieser Situation zu ändern?

6. Im nächsten Schritt werden Sie wieder kreativ tätig und stellen entweder die hellere Lösung / eine alternative Wahrnehmung dar oder einen hellen, weiten, leichten Weg. Versuchen Sie dabei,

möglichst zu spüren, wie erleichternd und schön dieser neue Weg bzw. die neue Wahrnehmung ist. Es geht nicht darum, dass Sie bereits wissen, wie diese alternative Lösung oder dieser Weg aussieht, sondern nur um das Gefühl, um die Energie – diese stellen Sie dar.

7. Wenn Sie nicht grundsätzlich mit dem „Weg" gearbeitet haben, können Sie zusätzlich auch noch den Weg von A (dem Status quo) nach B (die neu wahrgenommene, hellere Situation) kreativ darstellen. Alternativ reicht es auch, wenn Sie sich fragen: „Was braucht es, damit ich mit Leichtigkeit von A nach B komme?" oder sich den Weg einfach vorstellen.

8. Nehmen Sie das Bild des Status quo und versuchen Sie es vor Ihrem inneren Auge so oft nach oben zu schieben oder anderweitig zu verändern, dass Ihr Zielbild entsteht. Tun Sie das – wenn es geht – einmal langsam und danach fünfmal schnell.

Sie können die kreativen Methoden auch sehr gut in Gruppenarbeiten einsetzen. Wahlweise können dabei Einzelwerke entstehen, um die unterschiedlichen Wahrnehmungen zu einem Thema zu visualisieren, oder ein Gruppenbild.

Das mag jetzt nach viel Arbeit klingen. Wenn Sie das Ganze ein paar Mal geübt haben, können Sie – vor allem in Momenten, wo einfach keine Zeit für lange kreative Aktivitäten ist – versuchen, das Bild oder Kunstwerk nur in Ihrem Inneren entstehen zu lassen. Fragen Sie sich dann unter Schritt 1: „Wenn ich meine Wahrnehmung zu Thema XY jetzt darstellen würde, wie sähe das Bild / die Figur dann aus?"

Im nächsten Schritt schauen Sie sich Ihr Wunschbild an. Das Gleiche können Sie wiederum für den Weg von A nach B tun. Und dann verschieben Sie das Ausgangsbild so lange, bis es zu Ihrem Wunschbild geworden ist. (Wenn Sie kein eigenes Bild vor Augen haben, nutzen Sie doch die Abbildungen dieses Buches, wie unter dem Punkt Fokusoptimierung erklärt.)

Wie Sie erkennen, nähern Sie sich hiermit wieder der Methode der Fokusoptimierung. Tatsächlich ist es weitgehend egal, ob Sie mit inneren oder äußeren Bildern, Symbolen oder auch einfach nur mit Gefühlen arbeiten – hier zählt nur, was Ihnen in der jeweiligen Situation am leichtesten fällt. Wesentlich sind allein die fünf Grundqualitäten und ihre Veränderung ins Positive.

Kreativwerkzeuge und geeignete Materialien

Beim Einsatz von Kreativwerkzeugen sind der Fantasie keine Grenzen gesetzt. Das einfachste Mittel ist sicherlich das Malen / Zeichnen. Es lässt sich jederzeit schnell und flexibel einsetzen. Sie können Ihre Ist-Situation darstellen, den Zielzustand sowie den Weg dorthin.

Eine Variante des zeichnerischen Darstellens ist die Arbeit mit Worten. Nehmen Sie dazu ein Wort, z. B. einen Projektnamen, die Abteilung, das Wort „Job", eine aktuelle Aufgabe oder Ähnliches. Nun stellen Sie dieses Wort kreativ dar, d. h., Sie schreiben es mit Farbstiften und gestalten das Bild.

Ich habe das z. B. mit meinem Sohn mit dem Wort „Schule" gemacht. Das Ausgangsbild war sehr düster und gruselig. Dann überlegten wir gemeinsam, wie denn das Wunschbild aussehen sollte, und dann zeichnete er das und hängte dieses Bild an seine Wand. Es hat ihm sehr geholfen, sich einmal bewusst zu machen, wie seine innere Wahrnehmung ist, und den Fokus immer wieder auf die positive Seite zu richten.

Auch ich selbst habe dieses Werkzeug schon des Öfteren benutzt. Auch das können Sie ganz einfach ohne Stifte nur im Kopf tun und dann das Ist-Bild immer wieder durch das Wunschbild austauschen – so lange, bis Sie spüren, dass sich Ihr Fokus verändert hat.

Zum Malen / Zeichnen sind im Büro Buntstifte am einfachsten zu handhaben, weil sie keine „Sauerei" machen, das heißt, sie stauben, bröseln und färben nicht und man kann mit ihnen sehr schnell arbeiten. Alternativ sind natürlich auch Fasermaler oder zur Not Whiteboard- oder Flipchart-Marker möglich. Achten Sie dann aber darauf, dass Sie möglichst viele Farben zur Verfügung haben. Um auch auf großen Flächen gut zeichnen zu können, eignen sich sehr gut dickere Buntstifte, wie sie für Schulanfänger angeboten werden.

Wenn Sie das Ganze abends nach Feierabend tun, eignen sich auch Pastellkreiden sehr gut, weil man mit ihnen sehr kreativ arbeiten kann. Zum Beispiel können Sie direkt mit den Kreiden zeichnen, die Kreiden zerreiben und mit den Fingern malen oder jede Mischform davon. Allerdings stauben diese ein wenig und man muss Bilder anschließend fixieren, wenn man sie aufbewahren möchte. Dennoch sind Pastellkreiden für mich ein tolles Medium für kreatives Arbeiten. Es gibt sie auch im „Jumbo"-Format für größere Flipchart-Blätter und Pinnwände.

Für Menschen, die gerne mit dem Pinsel malen, empfehlen sich Acrylfarben. Sie sind einfach zu handhaben und bringen eine tolle Farbbrillanz mit sich. Sie können sowohl ähnlich wie Wasserfarben stark verdünnt eingesetzt werden als auch dick und „pastös" ähnlich wie Ölfarben.

Neben dem rein bildlichen Darstellen liebe ich persönlich die plastische Arbeit. Dabei wird eine bestimmte Situation plastisch dargestellt. Hier ist der Vorteil, dass Sie nach Erkennen des Ist-Zustands das Ausgangsmaterial direkt dafür nutzen können, die Situation in Ihr Wunschbild umzuformen.

Für den Büroalltag würde ich hierzu normale Schulknete empfehlen. Sie lässt sich sauber verarbeiten und immer wieder neu verwenden. Außerdem gibt es sie in vielen Farben. Wenn Sie die verschiedenen Farben immer wieder separat gut verschlossen aufbewahren, können Sie mit einem größeren Set eine ganze Weile arbeiten.

Für größere Team-Events eignet sich auch selbsttrocknender Ton, der nach dem Trocknen auch einfach angemalt werden kann, oder richtiger Ton, der zur Haltbarmachung allerdings gebrannt werden muss. Echter Ton ist relativ preiswert, allerdings für den Laien auch nicht ganz so einfach und sauber anzuwenden. Da es außerdem ein „ernsthaftes" Künstler- und Handwerksmaterial ist, könnte die Hemmschwelle hier etwas höher liegen als z. B. beim Einsatz von Knete, die eher mit „Spiel" assoziiert wird. Bei der Arbeit mit Ton könnte unbewusst ein Anspruch entstehen, etwas besonders „Schönes" herstellen zu wollen, und darum geht es hier überhaupt nicht.

Bei Menschen mit großen Vorbehalten gegen solche „Bastelarbeiten" können Sie auch LEGO-Steine verwenden, die es in vielen verschiedenen Farben und Formen gibt. Der Vorteil ist, dass die Steine sich nicht abnutzen und immer wieder eingesetzt werden können, auch wenn die Anfangsinvestition zunächst etwas größer ist. Meist gibt es aber auch Mitarbeiter mit Kindern, die vielleicht erst einmal eine Kiste Steine von zu Hause zum Ausprobieren mitbringen können. Alternativ sind natürlich auch Holz–Bausteine möglich, wobei diese aber nur für „Momentaufnahmen" geeignet sind.

Die Aufgabenstellung bleibt dabei immer die gleiche: Stellen Sie die aktuelle Situation dar und stellen Sie dann Ihr Wunschbild dar. Schauen Sie einfach, was Ihnen selbst und den Menschen, mit denen Sie arbeiten, besonders gut liegt.

Möglichkeiten und Grenzen für den Einsatz von Kreativwerkzeugen

Dem Einsatz von Kreativwerkzeugen sind kaum Grenzen gesetzt. Dabei beschränkt sich der Nutzen nicht auf Ideenfindungsprozesse, sondern es geht hier insbesondere darum, diese im Alltag zu nutzen, um unseren Fokus so auszurichten, dass es uns und dem Unternehmen gut geht.

Allerdings gibt es vielfach auch Hemmschwellen beim Einsatz solcher Werkzeuge. Unsere kollektiven Prägungen, vielfach schon aus der Kindheit, wo unsere kreativen Arbeiten – angefangen vom großen Bruder bis hin zum Lehrer – vielleicht belacht oder kritisch beurteilt werden, sitzen häufig tiefer, als es uns bewusst ist. Hinzu kommen Denkschubladen und Klischees – von „Kinderkram" bis hin zu „Psycho-Selbsthilfegruppe" –, die verhindern können, dass Menschen solche Werkzeuge mit Begeisterung aufnehmen. Und letztlich gilt natürlich auch hier: Kreativität lässt sich nicht erzwingen, auch nicht, wenn es „nur" um die Darstellung eines Status quo für die Fokusoptimierung geht.

Es gibt verschiedene Möglichkeiten, wie Sie Kollegen und Mitarbeiter an die Nutzung heranführen können. Ein paar davon möchte ich hier aufführen.

1. Ganz wichtig: Probieren Sie es selbst aus – am besten zu Hause oder in einem anderen, sehr geschützten Rahmen und zu einem Zeitpunkt, wo es sich für Sie stimmig anfühlt.

2. Testen Sie ausgiebig und sammeln Sie Ihre Erfolge, sodass Sie konkret erzählen können, was Sie getan und für sich erreicht haben.

3. Machen Sie die Nutzung von Kreativwerkzeugen nicht zu einer Pflicht, sondern geben Sie einfach nur die Möglichkeit, z. B. indem Sie in einem Raum die Materialien zur Verfügung stellen und die Mitarbeiter informieren, was die Idee dahinter ist. Sehr hilfreich kann hier natürlich wieder ein „Schwerelos-Coach" sein, der die Mitarbeiter dabei begleitet.

4. Erzählen Sie von der Idee und schauen Sie, wie die Menschen reagieren. Sind sie begeistert, neugierig, skeptisch, ängstlich, verärgert, aggressiv? Spüren Sie und gehen Sie auf all das mitfühlend ein. Letztlich geht es immer nur darum, dass jeder Mensch die zu ihm passenden Werkzeuge entdeckt.

5. Wenn Sie die Werkzeuge in Teamsitzungen nutzen möchten, empfehle ich die Ersteinführung im Rahmen einer längeren Teamveranstaltung, vielleicht sogar „offsite", wo die Mitarbeiter in einem ungezwungenen, etwas persönlicheren Rahmen sind. Fallen Sie nicht mit der Tür ins Haus und geben Sie genügend Zeit für eine „Warm-up"-Phase. Die Begleitung durch eine externe Person kann hier ebenfalls sehr hilfreich sein.

6. Gehen Sie an all das vollkommen spielerisch und ohne Erwartungshaltung heran. Geben Sie den Menschen Zeit, auszuprobieren, was ihnen liegt.

7. Ganz wichtig ist, dass ein paar Grundregeln geklärt werden. Dazu gehört vor allem, dass die Arbeiten nicht – unter keinen Umständen – bewertet werden. Vielfach ist es auch gar nicht notwendig, dass andere die Arbeiten sehen. Das kann die Hemmschwelle senken.

8. Bedenken Sie auch, dass der Einsatz dieser Werkzeuge keine Kunsttherapie sein soll. Es geht einfach um einen spielerisch-kreativen Zugang zu unserer Intuition.

Für schnelle, kleine Wahrnehmungen zwischendurch ist es auch möglich, das Ganze im Kopf durchzuspielen und die Bilder einfach innerlich zu genießen. Jedoch gelingt es nicht allen Menschen, so klar zu visualisieren. Je mehr Übung Sie in der praktischen Umsetzung haben, desto leichter gelingt es Ihnen sicherlich, die Bilder einfach innerlich entstehen zu lassen.

Für wichtige Themen würde ich aber eine konkrete Umsetzung empfehlen, zumindest vom Zielbild. Dabei ist es dann allerdings wichtig, den Ausgangspunkt, also den Status quo, innerlich sehr bewusst wahrzunehmen, denn nur, wenn wir wissen, wo wir stehen, können wir den richtigen Weg zu unserem Ziel finden.

13.6 Verschiedene andere Werkzeuge

Wer sich schon einmal mit irgendeiner Form von Musterauflösung, Persönlichkeitsentwicklung und Ähnlichem beschäftigt hat, wird feststellen, dass es eine Unmenge an Werkzeugen gibt.

Es gibt wirklich unglaublich viele verschiedene Möglichkeiten und keine davon ist die einzig wahre. Nicht alle Methoden funktionieren für alle Menschen gleich gut. Die einen schwören auf genau ein Werkzeug, andere haben einen ganzen Werkzeugkasten zur Verfügung und nutzen diesen auch. Oder es kommt auf den Zeitpunkt an – bei mir haben sich die bevorzugten Werkzeuge im Laufe des Lebens immer wieder verändert.

Ich möchte hier nur ein paar Möglichkeiten erwähnen, die für mich persönlich – neben den ausführlich besprochenen – sehr nützlich sind und mir schon sehr geholfen haben.

Adressen und Ressourcen zu den einzelnen Methoden finden Sie auf meiner Website *www.das-schwerelose-unternehmen.net*, da solche Informationen zu schnelllebig für ein Buch sind.

Affirmationen und Motivationssätze

Affirmationen sind positive Aussagen, die unsere negativen Glaubenssätze ersetzen und unser Denken in eine positive Richtung lenken können. Allerdings ist es wichtig, mit Affirmationen richtig umzugehen. Wenn wir diese – laut oder innerlich – sprechen, sollten wir darauf achten, dass wir nicht beginnen, uns selbst zu belügen. Denn eine positive Affirmation wirkt nur dann positiv, wenn wir ihr innerlich auf ganzer Linie zustimmen können. Aus diesem Grund können Affirmationen uns aber auch helfen, zu erkennen, wo wir uns selbst blockieren.

Um Blockaden mittels positiver Glaubenssätze zu entdecken und aufzulösen, können Sie wie folgt vorgehen:

Wählen Sie einen positiven Glaubenssatz, z. B.:

- Ich habe mit Leichtigkeit Erfolg.

- Ich bin kraftvoll und fähig.

- Ich bin glücklich im Hier und Jetzt.

- Ich werde geliebt und wertgeschätzt, so wie ich bin.

- Ich werde auf allen Ebenen meines Seins gefördert und unterstützt.

- Ich darf auch während der Arbeit glücklich und zufrieden sein.

- Ich habe es verdient, erfolgreich zu sein und viel Geld zu haben.

- ...

Sagen Sie sich diesen Satz – nach Möglichkeit laut, aber gerne auch in Gedanken, wenn lautes Aussprechen gerade nicht passt. Spüren Sie, wie es sich anfühlt. Fühlt es sich für Sie wahr an? Können Sie den Satz selbstbewusst und klar sprechen, ohne sich dabei komisch zu fühlen? Fühlt sich Ihr Körper dabei weit und leicht an oder eher eng und schwer? Gehen Sie die fünf Parameter der Fokusoptimierung durch, wenn Sie möchten.

Wenn es sich gut, klar, leicht und weit anfühlt, dann stimmen Sie tatsächlich mit der Aussage überein. Wenn es sich aber an irgendeinem

Punkt nicht gut anfühlt, irgendwie schwer, eng oder körperlich / emotional unangenehm, dann gibt es etwas in Ihnen, dass zu diesem Glaubenssatz im Widerspruch steht. Solange das der Fall ist, hilft es Ihnen nicht, sich die Affirmation weiter vorzusprechen. Vielmehr kann dadurch sogar die Blockade verstärkt werden. Diese Tatsache wird leider bei vielen Anleitungen zum positiven Denken ignoriert.

Nehmen Sie stattdessen dieses Gefühl, diese Energie, und lassen Sie diese mit der Fokusoptimierung aufsteigen oder schauen Sie sich an, wie Ihr tatsächlicher Glaubenssatz zu diesem Thema lautet, und zweifeln Sie diesen an, bis Sie ihn mit gutem Gefühl ersetzen können.

Hängen Sie sich dann den neuen Glaubenssatz an Ihren Monitor, ins Bad oder irgendwohin, wo Sie ihn oft lesen können, und spüren Sie immer wieder nach, wie er Ihnen guttut.

Grundsätzlich können Sie jede Affirmation erst einmal mithilfe der „Fokusoptimierung" aufsteigen lassen. Dann zeigen sich Widerstände dagegen sehr leicht, und wenn es keine gibt, können Sie den neuen Glaubenssatz durch die Optimierung leichter verinnerlichen und seine positive Wirkung verstärken.

Meditation

In vielen Büchern wird Meditation als einer der Schlüssel zur Bewusstseinsarbeit empfohlen. Ich bin auch sicher, dass dieses Werkzeug wundervolle Unterstützung leisten kann.

Allerdings haben auch viele Menschen Schwierigkeiten, sich wirklich auf diese innere Stille einzulassen. Ich muss zugeben, dass ich selbst auch nie lange in Meditation abtauchen kann.

Es muss auch gar keine lange Meditation sein. Oft genügt es, sich einmal wenige Minuten lang auf etwas anderes als die eigenen Gedanken zu konzentrieren – den Duft einer Blüte, den Klang schöner Musik, den eigenen Atem oder ein schönes Kunstwerk. Letztlich geht es darum, mehr Kontakt zu unsrem Inneren zu bekommen.

Unser Verstand ist sehr oft auf die Außenwelt fokussiert und während wir denken, sind wir meist wenig in Kontakt mit unserem Inneren. Dies lässt sich durch bewusstes Atmen und Spüren ändern.

Daher möchte ich hier ein paar Tipps für diejenigen geben, die sich mit Meditation schwertun, aber dieses Instrument gerne nutzen möchten:

1. Beginnen Sie mit wenigen Minuten, und wenn es nur ein paar Atemzüge sind. Setzen Sie sich still hin, schließen Sie, wenn möglich, die Augen und atmen Sie bewusst ein und aus.

2. Verbinden Sie die Fokusoptimierung mit einer kurzen Phase innerer Stille, indem Sie sehr bewusst die hohe Energie am Ende der Übung für ein paar Augenblicke genießen, ohne darüber nachzudenken.

3. Nutzen Sie geführte Meditationen. Hierzu gibt es sehr schöne Angebote – oft auch kostenlos – im Internet. Auf meiner Website finden Sie einige Links hierzu.

4. Man kann auch im Gehen meditieren. Achten Sie z. B. auf dem Weg ins Büro bewusst auf jeden Schritt. Spüren Sie den Boden unter ihren Füßen. Noch schöner ist es natürlich, wenn Sie sich einen kleinen Spaziergang im Grünen gönnen können und dort – statt über Probleme zu grübeln – auf Ihre Schritte, den Vogelgesang oder Ihren Atem achten.

5. Nutzen Sie einen Ankerpunkt – eine schöne Skulptur, ein tolles Bild, ein Foto oder irgendetwas anderes, das Ihnen gefällt – und betrachten oder befühlen Sie ihn ganz bewusst. Auch dabei kommt Ihr Verstand ein wenig zur Ruhe.

13.7 Alternative Ansätze

Es gibt auf dem Markt inzwischen eine Vielzahl von Hilfsmitteln, Werkzeugen und Methoden, die helfen können, innere Themen zu klären. Diese benötigen häufig aber noch mehr Offenheit für „Neues" und meist auch eine Unterstützung von außen. Viele dieser alternativen Methoden werden skeptisch betrachtet, weil die Wirkungsweise wissenschaftlich meist nicht vollständig erklärbar und gleichzeitig auch empirisch nur sehr schwer belegbar ist.

Dennoch gibt es bei den meisten Werkzeugen viele Menschen, die sehr positive Erfahrungen damit gemacht haben und tagtäglich machen, und auch ich habe einiges in meinem Leben ausprobiert und viel dadurch erreicht.

Erschwerend kommt hinzu, dass die meisten Begriffe auf diesem Gebiet nicht geschützt sind und es natürlich in fast allen Bereichen auch Anbieter gibt, die mehr versprechen, als sie halten können.

Wenn Sie sich also überlegen, Hilfe von außen in Anspruch zu nehmen oder eine der im Folgenden vorgestellten Methoden auszuprobieren, dann prüfen Sie vorab sehr genau für sich:

Wohin zieht es Sie, was fühlt sich für Sie persönlich richtig an? Nutzen Sie die Methode der Fokusoptimierung, um zu prüfen, welches Angebot das passende ist, denn auch hierbei können uns unsere Ängste oft den Blick auf ein klares Gefühl verstellen. Spüren Sie, was sich leicht anfühlt und wo es sich eher schwer und unangenehm anfühlt.

Systemische Arbeit

Schon recht bekannt sind die verschiedenen Formen der „systemischen Arbeit", die sich aus der Systemtheorie entwickelt haben. Dabei werden anfallende Themen / Aufgaben aus Sicht der Organisation als soziales System betrachtet und gelöst.

Systemische Beratung und andere Formen der systemischen Arbeit können sehr hilfreich sein. Indem Menschen oder Figuren als Stellvertreter genutzt werden, zapfen wir auch hier direkt unsere Intuition und die unsichtbaren Fäden an, die unser Sein mit dem Sein anderer Menschen verknüpfen.

Es gibt zahlreiche Beratungsunternehmen, die sich auf systemische Beratung spezialisiert haben, und wenn es im Unternehmen größere Themen gibt, bei denen Sie nicht wissen, wie sie diese angehen sollen, kann ich diesen Ansatz – als einen Baustein – sehr empfehlen.

Schamanische Arbeit

Im Laufe meiner eigenen Entwicklung habe ich auch sehr viel schamanisch gearbeitet und nutze dies noch heute manchmal.

Sehr interessant sind hier sogenannte schamanische Trommelreisen – dabei schicken wir unseren Geist / unser Unterbewusstsein zum Klang einer schamanischen Trommel auf Reisen. Es können vorab Fragen gestellt oder Themen genannt werden, für die wir Hilfe suchen. Während wir entspannt daliegen und dem gleichmäßigen Klang der Trommel lauschen, werden wir offen für innere Bilder und es ist oft erstaunlich, welche Wege sich zeigen, Themen zu klären, zu verstehen und zu heilen.

Auch in Deutschland und Europa gibt es inzwischen sehr viele Schamanen und Menschen, die schamanisch arbeiten, sodass wir diese Möglichkeiten auch im Alltag sehr gut nutzen können.

Zum Teil hat mich die Einfachheit und Tiefe schamanischer Arbeit sehr berührt. Ich habe einmal zwei Wochen in einer Gemeinschaft in Brasilien bei der brasilianischen Schamanin Alba Maria verbracht. Es war eine interessante, aber zum Teil schwierige Zeit. An einem Tag war ich total frustriert und wirr im Kopf und wünschte mir dringend eine Gesprächsmöglichkeit mit der Schamanin. Aber stattdessen stand Gartenarbeit auf dem Programm. Ich suchte mir spontan Bäume und Büsche zum Schneiden aus.

Während ich damit beschäftigt war, die Pflanzen von alten und abgestorbenen Ästen und Blättern zu befreien, spürte ich, wie sich gleichzeitig mein eigener Geist klärte, als würde dieser Vorgang auch mich selbst von überflüssigen, überholten Gedanken befreien. Am Ende des Tages war ich erschöpft, aber innerlich sehr klar, und meine Fragen sowie mein Gesprächsbedarf hatten sich vollkommen gelegt.

Energetische Arbeit

Es gibt Menschen, die eine besonders ausgeprägte energetische Wahrnehmung haben. Sie können sehr fein fühlen, wo sich Blockaden festgesetzt haben, welche Störfelder es geben kann oder welche Themen hinter äußeren Symptomen stecken, die oft nicht direkt erkennbar sind.

Fast jeder Mensch hat sogenannte „blinde Flecken" – das sind Themen oder Bereiche, die er allein nicht oder nur sehr schwer wahrnehmen kann. Hier kann die Hilfe eines Menschen, der energetisch arbeitet, Gold wert sein.

Auch bei dieser Form der Unterstützung kommt es vor allem darauf an, dass Sie dem Menschen, der so etwas anbietet, vertrauen und es sich für Sie gut und richtig anfühlt. Denn hier gilt wie für die meisten energetischen Methoden, dass die Wirksamkeit für unseren Verstand nicht zu begreifen und mit unseren bestehenden wissenschaftlichen Methoden auch oft nicht nachweisbar ist. Ich persönlich glaube, dass das daran liegt, dass jeder heilende Mensch die Dinge immer nur anstoßen kann, es aber am Ende doch darauf ankommt, wie bereit der Klient ist, tatsächlich Heilung oder Veränderung geschehen zu lassen.

Wenn es Ihnen gelingt, sich auch für alternative Ansätze zu öffnen, dann können Sie hier wertvolle Hilfe bekommen. Ich persönlich nutze solche Unterstützung in verschiedenen Formen immer wieder, um an Themen heranzukommen, die sich sonst nicht ohne Weiteres erschließen.

Auch wenn es wenig mit Business zu tun hat, erzähle ich immer wieder gern, dass ich mithilfe meiner Schwester, die in diesem Bereich fantastische Fähigkeiten hat, die Geburt meines zweiten Sohnes energetisch vorbereitet habe, nachdem die erste nicht ganz so verlaufen war, wie ich es mir gewünscht hatte. Sie spürte energetisch, wo es bei mir noch Blockaden, Ängste oder traumatische Erfahrungen und andere Begrenzungen gab, und löste diese weitestgehend energetisch, woraufhin ich mir diese Themen dann noch einmal bewusst anschaute und für mich neu wählte.

Der Erfolg war für mich wirklich atemberaubend, denn ich hatte eine unglaublich schöne Hausgeburt – ein Traum, den ich mir selbst erfüllt hatte, obwohl ich noch zwei Stunden vor der Geburt geplant hatte, ins Krankenhaus zu fahren.

Daher kann ich Ihnen nur empfehlen, sich Zeit und Ressourcen zu nehmen, wenn es Themen gibt, die Ihnen wichtig sind.

Viele Menschen scheuen Ausgaben für diese Dinge. Aber wie leicht geben wir 50 Euro oder mehr für ein neues Kleidungsstück aus, gönnen uns diese und jene Kleinigkeit und zögern bei vielen materiellen Dingen nicht, Geld in die Hand zu nehmen. Wenn wir unsere finanziellen Mittel auch ab und zu für unser inneres Wohlbefinden und Gleichgewicht nutzen, wird sich diese Investition – so meine Erfahrung – um ein Vielfaches auszahlen.

14 Tipps aus der vernetzten Welt und aus Printmedien

Zum Abschluss möchte ich – unabhängig von den Quellenangaben – noch einmal die wichtigsten Buch- und Internettipps zusammenfassen.

14.1 Das Internet

In einem Buch auf Internetquellen zu verweisen birgt ein gewisses Risiko, dass diese irgendwann nicht mehr aktuell sind. Dennoch möchte ich dieses Risiko eingehen und hier einige wichtige Links einfügen. Wer auf Nummer sicher gehen will, der nutzt die Links auf meinen eigenen Webseiten, die ich möglichst aktuell halte und wo es auch ein noch breiteres Spektrum an Links gibt.

Die Website zum Buch mit diversen Zusatzinformationen und Links zum Thema finden Sie unter:

www.das-schwerelose-unternehmen.net

Des Weiteren gibt es meine allgemeine Website, auf der Sie ausführliche Informationen zu mir als Person und zu all meinen Angeboten als Autorin, Künstlerin und Beraterin finden, die weit über dieses Buch hinausgehen.

Ich biete Lesungen und Vorträge öffentlich und für einzelne Unternehmen, Beratungen rund um das Thema „Das schwerelose Unternehmen", Workshops und vieles mehr. Es ist mir ein besonderes Bedürfnis, Menschen und Unternehmen zu helfen, verloren gegangene Verbindungen wiederherzustellen, z. B. zwischen

- Außen und Innen

- Verstand und Intuition

- Mensch und Natur

- Tun und Sein

- Bewusstsein und Unterbewusstsein

- Wunsch und Realität

Hierbei nutze ich auch sehr gerne künstlerische Mittel, die direkt unsere Intuition ansprechen, wie z. B. Poesie, Klang oder bildende Kunst, besonders Bildhauerei.

All dies finden Sie unter:

www.odania.net

In diesem Buch wird mehrfach die **Bodo-Deletz-Akademie** (BDA) erwähnt, wo Interessierte die von Bodo Deletz entwickelten Selbstcoaching-Werkzeuge nicht nur grundsätzlich erlernen können, sondern gleichzeitig Hilfe bekommen, um diese auch dauerhaft im Alltag anzuwenden.

Denn das beste Werkzeug nützt uns nichts, wenn es irgendwann wieder in den Keller wandert und dort vergessen wird. Das passiert leider häufig, wenn jemand irgendwo ein einzelnes Seminar bucht. Ich habe die gesamte Akademie mit ihren 52 Wochen Video-Lernprogramm und einem Open-end-Workshop für Absolventen absolviert und auf diesem Wege unglaublich viele Aspekte meines Lebens zum Positiven entwickelt. Gleichzeitig habe ich dort auch wesentliches Know-how und Inspirationen für dieses Buch bekommen.

Je intensiver jemand die hier vorgestellte Leichtigkeit in seinem gesamten Leben dauerhaft spüren möchte, desto wichtiger ist es, dies als kontinuierlichen Prozess zu leben und nicht als ein einmaliges „Oh, jetzt hab ich das Buch gelesen oder dieses Seminar gemacht – nun setze ich ein paar Dinge um, und das war's dann".

Die Online-Seminare der BDA sind modular aufgebaut und man kann jedes einzelne (allerdings nur in der angegebenen Reihenfolge) ohne Folgeverpflichtung abrufen – es wird immer erst im Nachhinein bezahlt, bevor man das nächste Seminarvideo abrufen kann.

Ich empfehle allen Lesern, die ernsthaftes Interesse haben, die Vorschläge dieses Buches umzusetzen, zumindest die ersten zwei Seminarvideos anzuschauen und die vorgestellten Übungen zu machen. Dies hilft besonders dabei, ein tieferes Verständnis für das hier vorgestellte Werkzeug zur Fokusoptimierung zu gewinnen, auch wenn die Methodik im Seminar etwas von der hier vereinfachten Version abweicht. Außerdem enthalten die Seminare viele schriftliche Zusatzinformationen, die sich auf jeden Fall lohnen.

Es gibt von Bodo Deletz auch einige sehr wertvolle Videos auf YouTube. Wer also unsicher ist, ob er die Seminare machen möchte, kann sich hier kostenlos informieren und inspirieren lassen.

Die Akademie findet sich unter:

www.bodo-deletz-akademie.de

Je besser unsere intuitiven Fähigkeiten geschult sind, umso leichter wird es, direkte Antworten zu bekommen – aus unserem Unterbewusstsein oder allgemein ausgedrückt von unserer „inneren Führung". Eine Frau, die dies auf einem sehr hohen Niveau erreicht hat, ist **Dagmar Lente**. Sie gibt auf Ihrer Website wunderbare praktische Tipps, wie wir unseren Fokus immer wieder in Richtung Helligkeit und Leichtigkeit ausrichten können. Außerdem hilft Sie auch als Coach Menschen, die selbst an irgendeinem Punkt nicht mehr weiterwissen, sehr effektiv weiter.

Daher kann ich nur von Herzen empfehlen, einfach einmal auf ihrer Seite zu blättern, die wahre Schätze und Lichtblicke bereithält.

www.blick-ins-licht.de

Ein sehr bekannter, professioneller, bodenständiger und dennoch spiritueller Lehrer ist **Veit Lindau**. Ich selbst habe bisher keines seiner Coaching- oder Seminar-Angebote genutzt, weshalb ich hierzu keine Aussage tätigen kann. Sehr inspirierend sind aber auf jeden Fall seine Videos. Sie finden diese nach Eingabe seines Namens zahlreich auf YouTube.

Seine eigene Berufung zu leben gehört mit zu den Themen, denen sich Veit Lindau widmet.

Ausführlichere Informationen und einige inspirierende Videos finden Sie unter:

www.veitlindau.com

14.2 Buchtipps

Seit ich begonnen habe, an diesem Buch zu arbeiten, sind mir immer mehr Bücher in die Hände gefallen, die sich aus verschiedenen Blickwinkeln mit alternativen Business-Ansätzen befassen. Fast wöchentlich entdecke ich irgendein neues Buch in diese Richtung. Die Zeit scheint reif für Veränderungen zu sein.

Ich bitte schon jetzt um Verständnis, dass meine Buchtipps hier bei Weitem nicht vollständig sind, sondern lediglich einige ausgewählte Werke erwähnen, die entweder dem tieferen Verständnis des hier vermittelten Wissens dienen oder eine gute Ergänzung zum Thema sind. Damit sich jeder Leser leichter ein Bild davon machen kann, welche Literatur ihm gerade guttun würde, stelle ich die Werke hier auch kurz vor.

Natürlich gibt es auch von **Bodo Deletz** zahlreiche Bücher, die das Verständnis vieler hier aufgeführten Ideen und Informationen verstärken und sie auch leichter intuitiv erfahrbar machen.

Dazu gehören vor allem seine Romane, in denen das „Wissen" sehr lebendig geschildert wird. Verpackt in eine Geschichte, nehmen wir automatisch unsere Gefühlswelt mit auf Reisen. Eines dieser Bücher ist *Robin und das Positive Fühlen* (erschienen unter dem Pseudonym *Ella Kensington*).

Sehr zu empfehlen ist aber auch sein neuestes Sachbuch: *50 Halbwahrheiten, die dir das Leben schwer machen können* – dieses Buch empfehle ich vor allem denjenigen, denen die hier vorgestellten Ideen zu „esoterisch" sind, aber auch Menschen, die sich schon viel mit als „esoterisch" geltenden Ideen befasst haben, denn Bodo Deletz räumt in diesem Buch mit vielen esoterischen Halbwahrheiten gründlich auf.

Aber es gibt natürlich noch viele andere wertvolle Bücherquellen zu unserem Thema.

Allen Lesern, die Interesse daran haben, ihr eigenes Weltbild zu öffnen und zu verstehen, was hinter der Idee steht, dass wir selbst mit dem Fokus unserer Aufmerksamkeit nicht nur unser Innenleben beeinflussen, sondern auch in gewissem Maße Einfluss auf die äußere Wirklichkeit ausüben, empfehle ich sehr das Buch *Die Entstehung der Realität – Wie das Bewusstsein die Welt erschafft* von **Jörg Starkmuth**. Der Autor setzt sich in diesem Werk sehr tiefgehend mit aktuellen Fragen der modernen Physik auseinander und verbindet diese Gedanken mit grenzwissenschaftlichen und spirituellen Erkenntnissen zu einem Weltbild, das Erfolgsstrategien für Individuen wie auch Unternehmen in ein neues Licht rückt. Die Vorschläge dieses Buches basieren auf diesem Weltbild, auch wenn es nicht notwendig ist, diesem zu folgen, um die Vorschläge umzusetzen. Jörg Starkmuths Bücher finden Sie auf seiner Verlags-Website ***www.starkmuth.de***.

Lola Jones ist eine Amerikanerin, die mit Ihrer Arbeit *Divine Opening* vielen Menschen hilft, wieder mehr ihrer inneren Führung zu vertrauen. Ihr Buch mit dem Titel *Alles läuft super, während ich weg bin – Loslassen und dem Göttlichen die Schwergewichte überlassen* kann ich wärmstens empfehlen. Lassen Sie sich nicht von Begriffen wie „göttlich" abschrecken, die bei Ihnen vielleicht eine unangenehme Assoziation hervorrufen. Lola Jones schreibt sehr bodenständig und erfrischend und erläutert auch in ihrem Buch, was es mit dem Begriff „Gott" auf sich hat. Ersetzen Sie „das Göttliche" ggf. einfach durch einen für Sie passenden Begriff, z. B. „Universum", „Leben", „innere Stimme" oder „Unterbewusstsein". In der Essenz ist alles das Gleiche. Man braucht nicht an Gott zu glauben, wenn man sich von diesem Werk inspirieren lassen möchte. Mit den im Buch eingebundenen Bildern hilft die Autorin, unsere Türen zu unserem Inneren wieder weiter zu öffnen, damit es uns immer leichter gelingt, einfach einmal „aus dem Weg zu gehen" und unserer inneren Führung immer mehr zu vertrauen.

Nicht nur Buch, sondern gleichzeitig auch Werkzeug sind die Inspirationen von **Dain Heer** und **Gary Douglas** unter dem Namen *Access Consciousness®*. Sie finden die Werkzeuge und spannende Informationen in dem Buch von Dain Heer: *Sei du selbst und verändere die Welt*

Das Buch liest sich leicht und ist wirklich hilfreich, um ein noch tieferes Verständnis zu gewinnen, wie wir uns im Alltag oft selbst im Weg stehen und wie wir das ändern können.

Konkret für die Businesswelt gibt es von **Simone Milasas** das Buch *Freude im Business*, das ebenfalls auf den Prinzipien von *Access Consciousness®* aufbaut und insbesondere für Selbstständige und Kleinstunternehmen viele gute Anregungen bietet.

Ebenfalls sehr bekannt und absolut lesenswert ist das Buch *The Big Five for Life* von **John Strelecky** für alle, die noch besser verstehen wollen, warum es so wichtig ist, dass ein Unternehmen einen klar definierten Unternehmenszweck hat und Mitarbeiter einstellt, die diesen Zweck teilen.

Wer noch mehr praktische Hinweise mit eindrucksvollen Fallbeispielen sucht, wie die Organisation eines Unternehmens eine Neuorientierung unterstützen kann und welche Alternativen es gibt, dem empfehle ich wärmstens das Buch *Reinventing Organizations* von **Frederic Laloux**. Die grafische Version lässt sich gut und zügig lesen und stellt eine gute Ergänzung zu den Inhalten dieses Buches dar.

Ebenfalls nicht unerwähnt lassen möchte ich die Werke von **Siglinde Oppelt** – *Quantensprung im Business* – und von **Astrid-Beate und Christoph Oberdorf** – *Innere Transformation – Äußerer Erfolg: Neues Denken im Business mit 7x7-Tage-Programm*.

Auch hier finden Sie sicherlich zusätzliche Inspirationen, wenn Sie sich mehr mit dem Thema der „Schwerelosigkeit" in Unternehmen befassen möchten.

15 Praktizierte Wertschätzung und Dankbarkeit

In diesem Buch wurde viel darüber geschrieben, wie wichtig regelmäßige Wertschätzung und Dankbarkeit ist. Daher möchte ich das hier gleich an Ort und Stelle noch einmal praktizieren.

Im vorigen Kapitel habe ich ja schon viele für die Entstehung dieses Buches maßgebliche Menschen erwähnt: All diesen gilt natürlich mein expliziter Dank.

Besonders hervorheben möchte ich meinen Lektor und Verleger Jörg Starkmuth, dessen kritische Fragen mich immer wieder inspiriert haben und der mit viel Fleiß, Gewissenhaftigkeit und wunderbaren Ergänzungen maßgeblich dazu beigetragen hat, dass dieses Buch in einer gut lesbaren, verständlichen und orthografisch korrekten Form erscheinen konnte.

Auch Bodo Deletz möchte ich bei der Danksagung noch einmal speziell erwähnen, dessen fantastische Arbeit mich nicht nur zu diesem Buch inspiriert und mir wesentliches Wissen hierfür vermittelt hat. Ohne seine unermüdliche Forschungsarbeit und Bereitschaft, all das Wissen sofort wieder weiterzugeben, wäre ich sicherlich nicht zu dem Menschen geworden, der ich jetzt bin und als der ich mich heute so viel wohler fühle als noch vor einigen Jahren.

Ich bin auch dankbar für all die BDA-Teilnehmer, die mich inspiriert haben, mir Fallbeispiele zur Verfügung gestellt und mich anderweitig auf meinem Weg begleitet haben.

Großer Dank gilt auch allen Testlesern der ersten Stunde, die mir durch ihr Feedback Mut und Inspiration sowie viele wertvolle Hinweise geschenkt haben. Besonders habe ich mich gefreut, dass mein Vater, Prof. Dr. Wolf D. Hartmann, sich die Zeit genommen hat, das Manuskript zu lesen und mir aus seiner langjährigen eigenen Autoren-, Berater- und Wissenschaftlererfahrung wertvolle Anregungen gegeben hat.

Ich möchte auch meine Familie bei der Wertschätzung nicht vergessen, insbesondere meinen Mann Holger Winkler, der mir immer wieder das Vertrauen entgegenbringt, meine unvorhersehbaren Wege zu akzeptieren und mitzugehen.

Mir liegt auch sehr am Herzen, meine berufliche Vergangenheit wertzuschätzen, insbesondere all die wunderbaren Kolleginnen, Kollegen und Vorgesetzten, die mich in der Zeit vor meiner Selbstständigkeit begleitet haben und mit denen es einfach toll war zusammenzuarbeiten. Ich bin dankbar für all die gemeinsam durchlebten Höhen und Tiefen. Denn all diese Erfahrungen haben mir geholfen, dieses Buch zu schreiben.

Da letztlich auch die kleinste Begegnung manchmal große Wirkung hat, schließe ich in meinen Dank einfach alle Menschen mit ein, die mich bisher auf meinem Lebensweg begleitet haben – egal ob nur für einen kurzen Augenblick oder auf dem gesamten Weg. Es ist schön, ein Stück gemeinsam zu gehen, und ich freue mich schon auf die vielen neuen Begegnungen, die noch vor mir liegen.

Natürlich interessiert es mich sehr, wie Ihnen das Buch gefallen hat, welche Dinge Sie umsetzen konnten und wie sich Ihr Job oder Ihr Unternehmen dadurch entwickelt hat. Ich freue mich daher sehr über Feedback jeder Art sowie Ihre ganz persönlichen Fallbeispiele per E-Mail an *doerte.winkler@odania.net*.

Gerne möchte ich auch ausgewählte Fallbeispiele auf meiner Website veröffentlichen (natürlich nur mit entsprechendem Einverständnis), denn das ermutigt andere Leser, ebenfalls erste Schritte zu gehen bzw. dranzubleiben, auch wenn der Alltag zwischendurch einmal die guten Vorsätze überrollt.

Schreiben Sie mir – ich freue mich, von Ihnen zu lesen!

Quellennachweis

[1]   http://www.wiwo.de/unternehmen/industrie/senvion-windturbinenbauer-streicht-arbeitsplaetze/19507394.html, 13.03.2017

[2]   Starkmuth, Jörg: Interview, Best in Balance, http://starkmuth.de/interviews/interview-best-in-balance/2011

[3]   König, Andrea: Top-Manager sind lernfähiger; https://www.cio.de/a/top-manager-sind-lernfaehiger,3231624, 02.07.2015, und: Entscheidungen treffen: 12 überraschende Fakten; Karrierebibel, http://karrierebibel.de/entscheidung-treffen

[4]   Gina Louisa Metzler: Harvard-Professor: Dieser Denkfehler hindert die meisten Menschen daran, beruflich erfolgreich zu sein; Huffington Post, 12.01.2017, http://www.huffingtonpost.de/2017/01/12/harvard-professor-erklaert-wie-man-erfolgreich-wird_n_14131302.html

[5]   Starkmuth, Jörg: Die Entstehung der Realität – Wie das Bewusstsein die Welt erschafft; Hennef, 2017 (Bestellung: www.starkmuth.de)

[6]   Placebo in der Medizin; herausgegeben von der Bundesärztekammer auf Empfehlung ihres Wissenschaftlichen Beirats, Deutscher Ärzteverlag, 2010

[7]   Howard und Daralyn Brody: Der Placebo-Effekt; 2002, S. 16-17

[8]   Laloux, Frederic: Reinventing Organizations – Ein illustrierter Leitfaden sinnstiftender Formen der Zusammenarbeit; München, 2017

[9]   Blakeslee, Thomas R.: Das rechte Gehirn – Das Unbewusste und seine schöpferischen Kräfte; Braunschweig, 1991

[10] Agor, Weston H.: Intuitives Management – Die richtige Entscheidung zur richtigen Zeit; München, 1994

[11] Hänsel, Markus: Intuition als Schlüsselkompetenz im 21. Jahrhundert; Zeitschrift für Bewusstseinsentwicklung, 2-2014

[12] Dettmer, Markus: Wer wird Milliardär? Der Spiegel, 7/2017, S. 64

[13] Gigerenzer, Gerd: Risiko – Wie man die richtigen Entscheidungen trifft; München, 2013

[14] Gamper, Jwala und Karl: Es ist alles gesagt. Jetzt braucht es Beispiele; Bielefeld, 2007, S. 77 ff.

[15] Deletz, Bodo: 50 Halbwahrheiten, die dir das Leben schwer machen können; München, 2016

[16] Fredrickson, Barbara: What good are positive emotions? Review of General Psychology, 1998, Vol. 2, No. 3, S. 300-319

[17] Methode zur Fokusoptimierung: Dieses Werkzeug ist angelehnt an die „Kugelmethode" aus den Online-Seminaren von Bodo Deletz und stellt die vereinfachte Variante dar, mit der Menschen leicht lernen können, Energien wahrzunehmen und auch zu verändern. Allerdings lassen sich damit auch nicht alle Themen bearbeiten. Tiefsitzende Muster und Kopplungen benötigen das ausführliche Instrument oder alternative Ansätze (laut Bodo Deletz genügt das einfache Werkzeug bei ca. zwei Drittel aller Themen im Leben eines Menschen). www.bodo-deletz-akademie.de

[18] Jones, Lola: Alles läuft super, während ich weg bin; 2013, S. 127 ff.

[19] Jones, Lola: Realität – etwas De-Montage erforderlich! https://www.divineopenings.com/node/8170?language=de, 29.08.2017

[20] Lente, Dagmar: Wir und die anderen; www.blick-ins-licht.de, Juni 2017

[21] Huffington, Arianna: Die Neuerfindung des Erfolgs; München, 2014

[22] Nach Bodo Deletz: www.bodo-deletz-akademie.de, 2017

[23]: http://www.pocheco.com/lentreprise/?lang=de, 2017

[24] Digitalisierung verlangt neue Strategien; Wiesbaden, http://www.mutaree.com/content/digitalisierung-verlangt-neue-strategien-und-führungskompetenzen, 28.10.2015

[25] Oberdorf, Astrid-Beate und Christoph: Innere Transformation – Äußerer Erfolg; Neues Denken im Business mit 7x7-Tage–Programm; EchnAton Verlag, 2015 S. 120 ff.

[26] Glückliche Mitarbeiter – erfolgreiche Unternehmen? StepStone-Studie über Glück am Arbeitsplatz, 2012/2013 – Ergebnisse und Empfehlungen; http://www.stepstone.de/b2b/stellenanbieter/jobboerse-stepstone/upload/studie_gluck_am_arbeitsplatz.pdf

[27] Strelecky, John: The Big Five for Life; München, 2009

[28] Gallup: Pressemitteilung; http://www.gallup.de/183104/engagement-index-deutschland.aspx, März 2016

[29] Die 20 schönsten Bürowelten der Techwelt; http://t3n.de/news/15-schonsten-buroraume-tech-welt-425239

[30] Clemens G. Arvay: Der Biophilia-Effekt – Heilung aus dem Wald; München, 2016

[31] Rachel Kaplan, Stephen Kaplan, Robert Ryan: With people in mind – Design and management of everyday nature; Island Press, Washington DC, 1998

[32] Robertson, Brian J.: Holacracy – Ein revolutionäres Management-System für eine volatile Welt; München, 2015

[33] Lindau, Veit: Authentisches Marketing; https://www.youtube.com/watch?v=jBOgU-w54Zo

[34] The European: Wenn nur noch Zynismus hilft; http://www.theeuropean.de/gunnar-sohn/10124-kommunikation-und-ehrlichkeit-in-unternehmen, 13.05.2015

[35] Heine, Matthias: Was Sie über das Wort des Jahres wissen müssen; https://www.welt.de/kultur/article160136912/Was-Sie-ueber-das-Wort-des-Jahres-wissen-muessen.html, 09.12.2016

[26] Oppelt, Siglinda: Quantensprung im Business – Erfolgreich in die neue Zeit; Fulda, 2011

[27] Vetter, Philipp: Audi schafft das Fließband ab; Die Welt, https://www.welt.de/wirtschaft/article159622953/Audi-schafft-das-Fliessband-ab.html, 21.11.2016

[28] Benioff, Marc: The Social Revolution – Wie Sie aus Ihrer Firma ein aktiv vernetztes Unternehmen und aus Ihren Kunden Freunde fürs Leben machen; in: Brenner, Walter; Herrmann, Andreas: Erfolg im digitalen Zeitalter; Frankfurter Allgemeine, 2012, S. 185.

[29] Rowan, Roy: Spitzenleistungen durch intuitives Management; Düsseldorf, 1989, S. 19 f.

Bildnachweise:

Alle Abbildungen im Buch: Dörte Winkler
Digitale Bearbeitung: Jörg Starkmuth

Cover-Design: Jörg Starkmuth
Chartgrafik: peshkov, *fotolia.com*
Möwenfoto: wislamos, *pixabay.com*
Portraitfoto auf der Rückseite: Chris Zeilfelder